U0215310

| 设 | 计 | 速 | 递 |

DESIGN CLASSICS

智造空间——办公专辑

OFFICE SPACE

本书编委会 编

中国林业出版社

图书在版编目（CIP）数据

智造空间：办公专辑 /《智造空间》编写委员会编写. -- 北京：中国林业出版社, 2015.6
（设计速递系列）

ISBN 978-7-5038-8011-7

Ⅰ. ①智… Ⅱ. ①智… Ⅲ. ①办公室－室内装饰设计－图集 Ⅳ. ①TU238-64

中国版本图书馆CIP数据核字(2015)第120883号

本书编委会

◎ 编委会成员名单

选题策划：金堂奖出版中心

编写成员：董　君　张　岩　高囡囡　王　超　刘　杰　孙　宇　李一茹　姜　琳　赵天一　李成伟　王琳琳　王为伟　李金斤　王明明　石　芳　王　博　徐　健　齐　碧　阮秋艳　王　野　刘　洋　朱　武　谭慧敏　邓慧英　陈　婧　张文媛　陆　露　何海珍

整体设计：张寒隽

中国林业出版社 · 建筑分社

策　　划：纪　亮

责任编辑：李丝丝　王思源

出版：中国林业出版社
（100009 北京西城区德内大街刘海胡同 7 号）
http://lycb.forestry.gov.cn/
E-mail：cfphz@public.bta.net.cn
电话：(010) 8314 3518
发行：中国林业出版社
印刷：北京利丰雅高长城印刷有限公司
版次：2015年8月第1版
印次：2015年8月第1次
开本：230mm×300mm，1/16
印张：12
字数：100千字
定价：199.00元

鸣谢

因稿件繁多内容多样，书中部分作品无法及时联系到作者，请作者通过出版社与主编联系获取样书，并在此表示感谢。

CONTENTS
目录

Restaurant

CONTENTS
目录

Restaurant

Office
办公空间

未来对撞器—奇虎360新总部办公室
FUTURE COLLIDER-Qihoo 360 New HQ Office

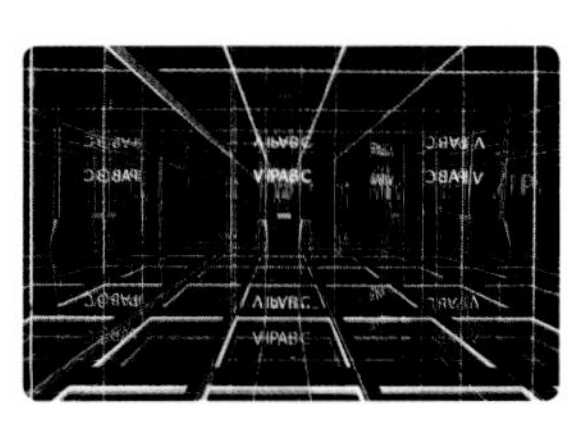

VIPABC 陆家嘴总部办公室
VIPABC Head Office

Teleperformance 西安办公室
Teleperformance Xian office

北京中关村东升科技园泰利驿站办公室
Beijing Zhongguangcun Dongsheng Sci-tech Park

梁筑设计工作室
X-Girder Build Design Studio

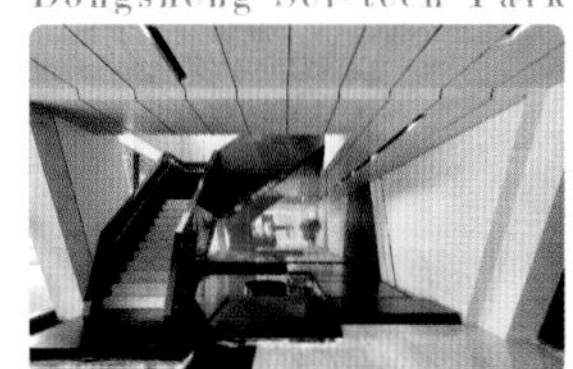

威克多制衣中心
Vicutu Garments Manufacturing center

易和设计小河路办公室
Ehe Design Office On Xiaohe Road

墨臣石灯胡同办公楼改造
Mochen New Office Renovation Of Shideng Hutong

居然顶层设计中心
EASYHOME TOP DESIGN CENTER

一起设计
Designtogether

未来对撞器·奇虎 360 新总部办公室

QIHOO 360 NEW HQ OFFICE

项目名称 _未来对撞器—奇虎 360 新总部办公室 / **主案设计** _何大为 / **参与设计** _Echo Zhang、Serena Shu、Tina Ren / **项目地点** _北京市朝阳区 / **项目面积** _36000 平方米 / **投资金额** _7800 万元 / **主要材料** _NOVOFIBRE 诺菲博尔麦秸板、东帝士地毯、竹地板

A 项目定位 Design Proposition

设计之初得知世界上最大的粒子加速器位于日内瓦地下的 17 英里长的大型强子对撞器 (Large Hadron Collider，简称 LHC) 已发现希格斯 (Higgs) 色子。这个新闻给设计师带来灵感，结合大型粒子加速对撞器与 360 的颠覆式创新公司文化，将对撞器概念导入 360 办公室设计。借由员工的脑力碰撞，去发现公司或中国互联网的未来。

B 环境风格 Creativity & Aesthetics

设计了 4 个“未来对撞器 Future Collider”在挑高两层的员工活动区，提供员工头脑碰撞出更多创意点子的空间，也碰撞出公司更好的未来。

C 空间布局 Space Planning

平面布局上，最大程度将员工工作位配置在沿窗带，可以享受最佳的视觉景观和自然采光。在不同的办公楼层，利用不同的墙柱颜色，区分了楼层或不同部门的属性，并用 360 的 logo 作为吊灯造型。

D 设计选材 Materials & Cost Effectiveness

所有的未来对撞器均是麦秸杆压制而成的麦秸板，这同样也被 2010 上海世博展馆选用为最主要的建筑材料。麦秸板是利用农业生产剩余物－麦秸制成的一种性能优良的人造复合板材。而在此空间里主要地面铺装是竹地板及人造草坪，尽量运用了不加修饰的天然材料来突显绿色环保健康办公室环境的设计理念。

E 使用效果 Fidelity to Client

设计理念不但关心了员工工作空间的环保性及舒适性，也是将 360 公司“用户体验”的公司精神文化转换为 360 办公室的“员工体验”了。

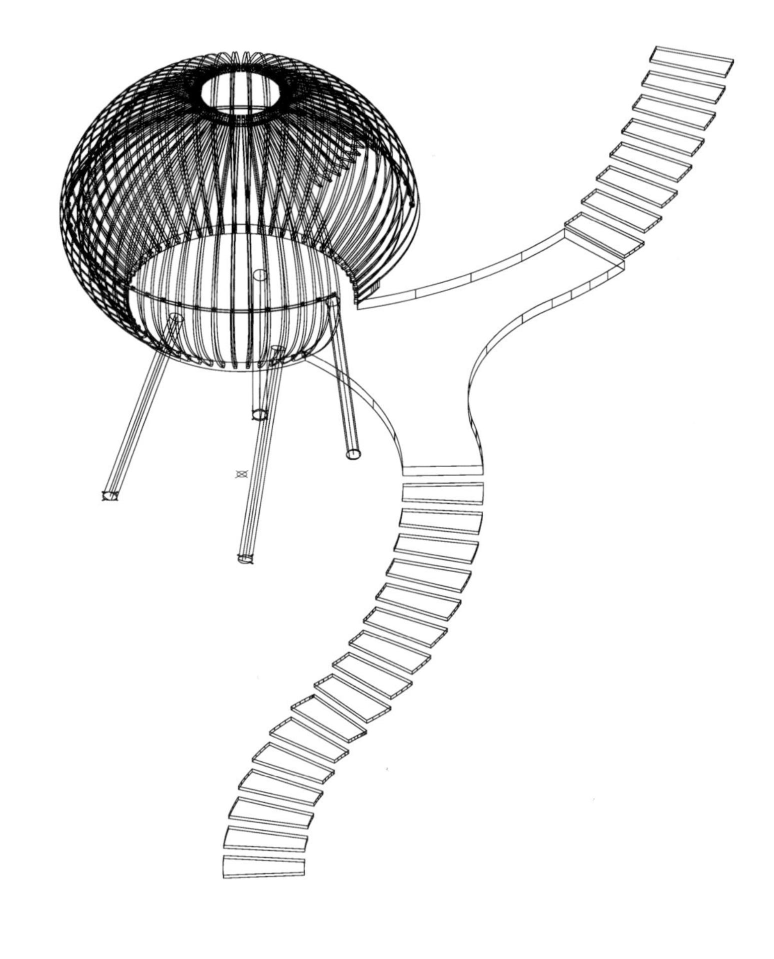

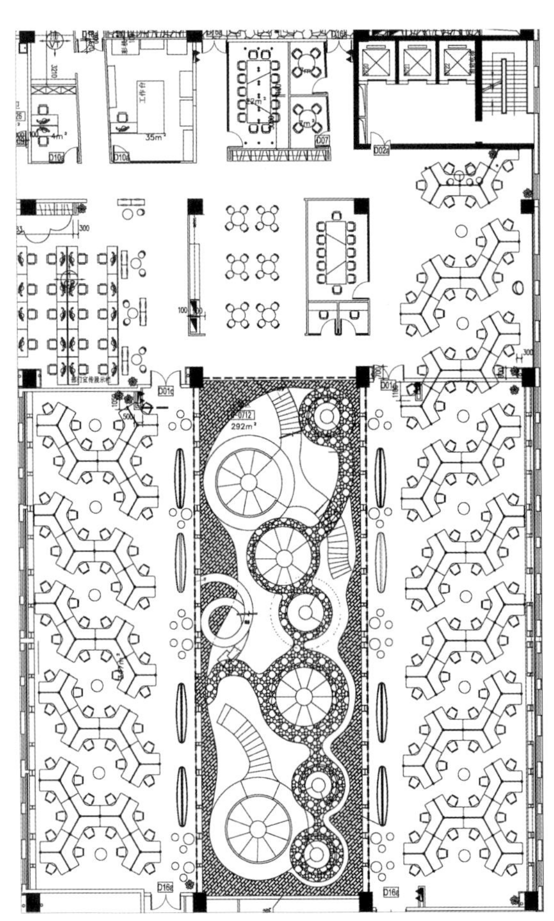

一层平面图

VIPABC 陆家嘴总部办公室

VIPABC HEAD OFFICE

项目名称 _VIPABC 陆家嘴总部办公室 / **主案设计** _陈威宪 / **项目地点** _上海浦东新区 / **项目面积** _2000 平方米 / **投资金额** _1000 万元

A **项目定位** Design Proposition

竞争者为 google office,yahoo, 英孚英语等网络公司研发中心，作品设计以国际化、自由、创新的舒适办公环境为目的。

B **环境风格** Creativity & Aesthetics

高科技与创造性的人文空间。

C **空间布局** Space Planning

体现管理风格的自由与创新。

D **设计选材** Materials & Cost Effectiveness

自然材质，精简配置。

E **使用效果** Fidelity to Client

空间意向强烈，达到总部的科技与人文文化意图。

VIPABC

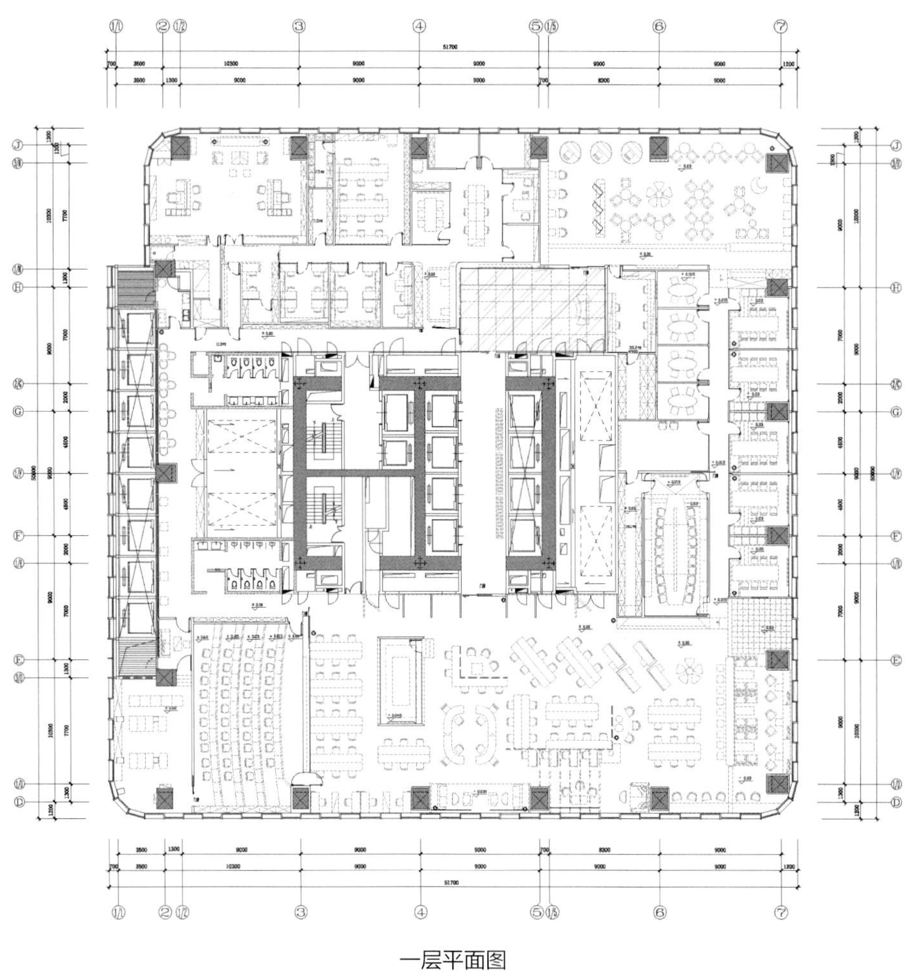

一层平面图

Teleperformance 西安办公室

TELEPERFORMANCE XIAN OFFICE

项目名称_*Teleperformance 西安办公室* / **主案设计**_*陈轩明* / **参与设计**_*Arthur Chan、Warren Feng、Linda Qing* / **项目地点**_*陕西省西安市* / **项目面积**_*4200平方米* / **投资金额**_*1300万元* / **主要材料**_*冠军，Interface，阿姆斯壮，TOTO，Formica，Posh*

A 项目定位 Design Proposition

Teleperformance 成立于 1978 年，主要为大型跨国公司提供 CRM 呼叫中心服务，总部位于法国。目前全球的坐席数量位居全球第一（员工数超过 140000）；其业务遍及全球 50 个国家；全球客户超过 1000 家，拥有 268 个客户联络中心并可提供 66 种语言及方言服务；每年客户联络超过 10 亿。

B 环境风格 Creativity & Aesthetics

整体设计风格简约现代，运用形态、颜色、图案等设计语言来营造轻松、高效的办公环境。茶水间的设计突出色彩及家具材料的搭配，给人以营造出轻松自然的环境。座椅与吧台的设计突出空间灵活性，让使用者可以有更多的选择。储物柜的设计也同样以 TP 相关颜色，以点状布置手法来装饰，丰富的颜色搭配使得每一个储物柜都有着它不同主人的色彩归属感。

C 空间布局 Space Planning

设计师把整个办公空间划分为：接待区、开放办公区、培训区、面试区、管理人员办公区、休闲及辅助功能区六个部分。开放办公区、面试区、管理人员办公区分别有独立的电梯入口及门禁系统，这样设计可以科学的控制人流及办公室安全。解决 TP 因为办公人员密度较高造成的枯燥凌乱，噪音等问题，满足办公空间的使用功能。

D 设计选材 Materials & Cost Effectiveness

本项目主要装饰材料：喷漆玻璃、清镜、枫木、白色大理石、瓷砖、尼龙地毯、布料、矿棉板天花。以此来呈现整个办公区域的空间感觉，而选择上所有的材料均为环保材料，节能环保也是现今设计的主流理念。

E 使用效果 Fidelity to Client

该项目完工后，业主对装修效果、设备性能、环保、安全、工期控制等给予了充分的肯定和赞许。该项目的设计效果，在业界起到了很好的广告效益，DPWT 的出色工作能力也给业主的客户留下了非常良好的印象。为 DPWT 在与其他公司合作的项目上提供了潜在商机。

our Values
Are the foundations of our groups
Teleperformance
Transforming Passion into Excellence
Cosmos | INTEGRITY
I say what I do, I do what I say.
Earth | RESPECT
I treat others with kindness and empathy.
Metal | PROFESSIONALISM
I do things right the very first time.
Air | INNOVATION
I create & improve.
Fire | COMMITMENT
I'm passionate & engaged.

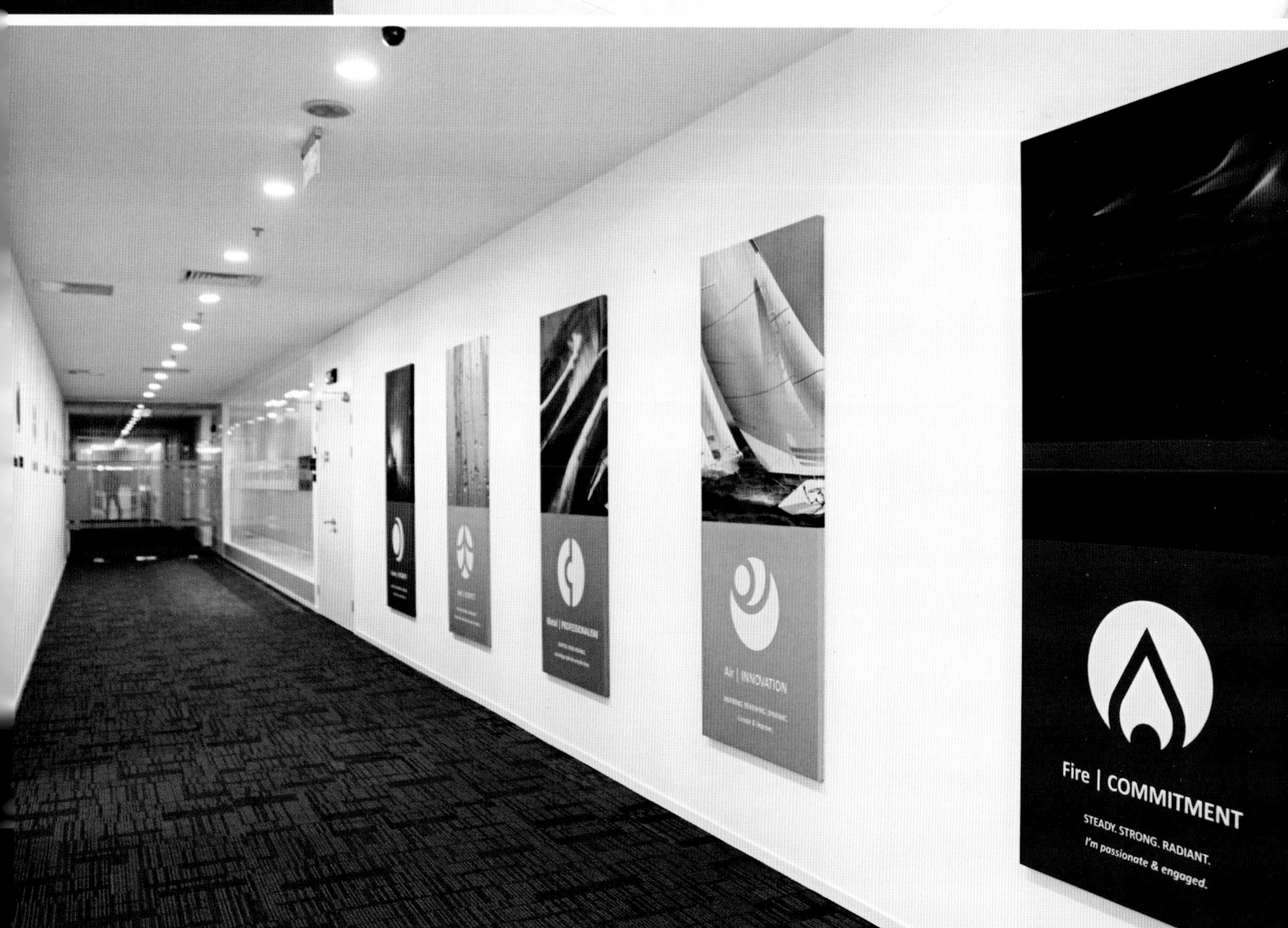
Metal | PROFESSIONALISM
Air | INNOVATION
Fire | COMMITMENT
STEADY. STRONG. RADIANT.
I'm passionate & engaged.

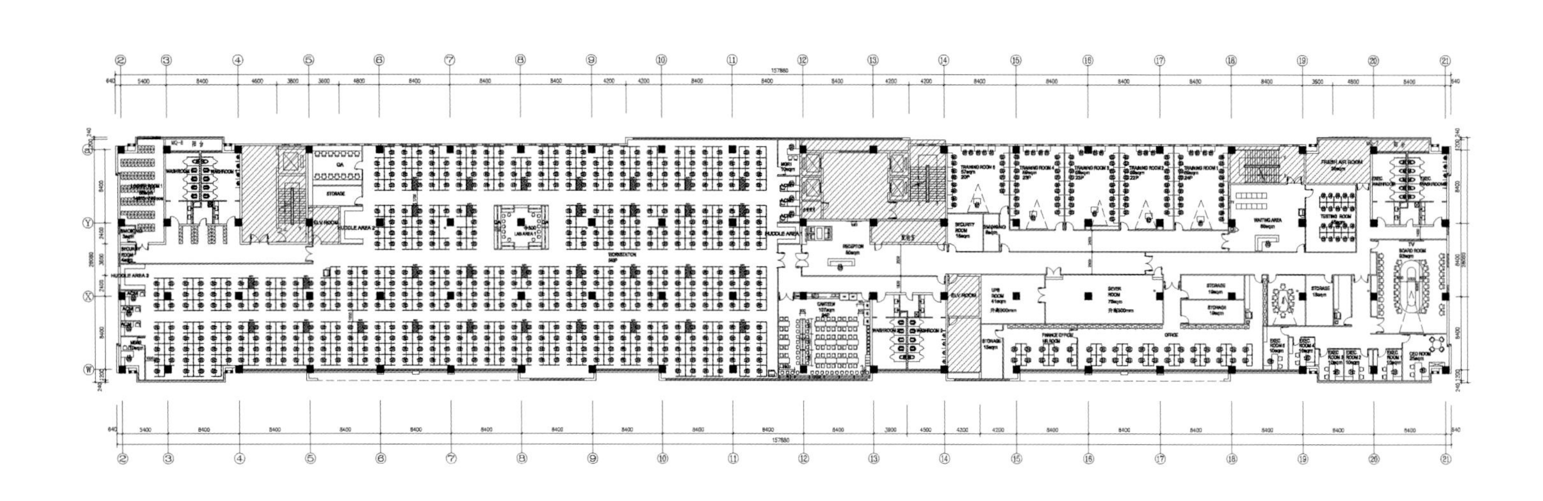

一层平面图

北京中关村东升科技园泰利驿站办公室
BEIJING ZHONGGUANGCUN DONGSHENG SCI-TECH PARK

项目名称 _ 北京中关村东升科技园泰利驿站办公室 / **主案设计** _ 李怡明 / **参与设计** _ 吕翔、贾文博 / **项目地点** _ 北京市海淀区 / **项目面积** _ 1500 平方米 / **投资金额** _ 800 万元 / **主要材料** _ 彩色地毯、张拉膜、足球网等

A 项目定位 Design Proposition
有别于传统的创新办公空间，本案想用梦幻的空间，梦幻的色彩，梦幻的光影来激发创业人员的梦想和激情。

B 环境风格 Creativity & Aesthetics
用自由的曲线及光带营造出科技未来感，条装的色彩、地面，让人放松、活跃并不时有走 T 型台之感。

C 空间布局 Space Planning
用一条自由曲线划分出不同的空间属性，并始终引领着视线，在立面上用不同的材质体现出从开放到私密的各种空间，创新型的家具布置方式，即使柱子变废为宝又满足了灵活分组的工作需要。

D 设计选材 Materials & Cost Effectiveness
大胆采用了彩色的地毯条形铺装，并采用了球网、张拉膜等不常规材料，突出创意的空间主题。

E 使用效果 Fidelity to Client
深受入住客户好评，成为整个大厦最闪亮、最引人注目的空间。

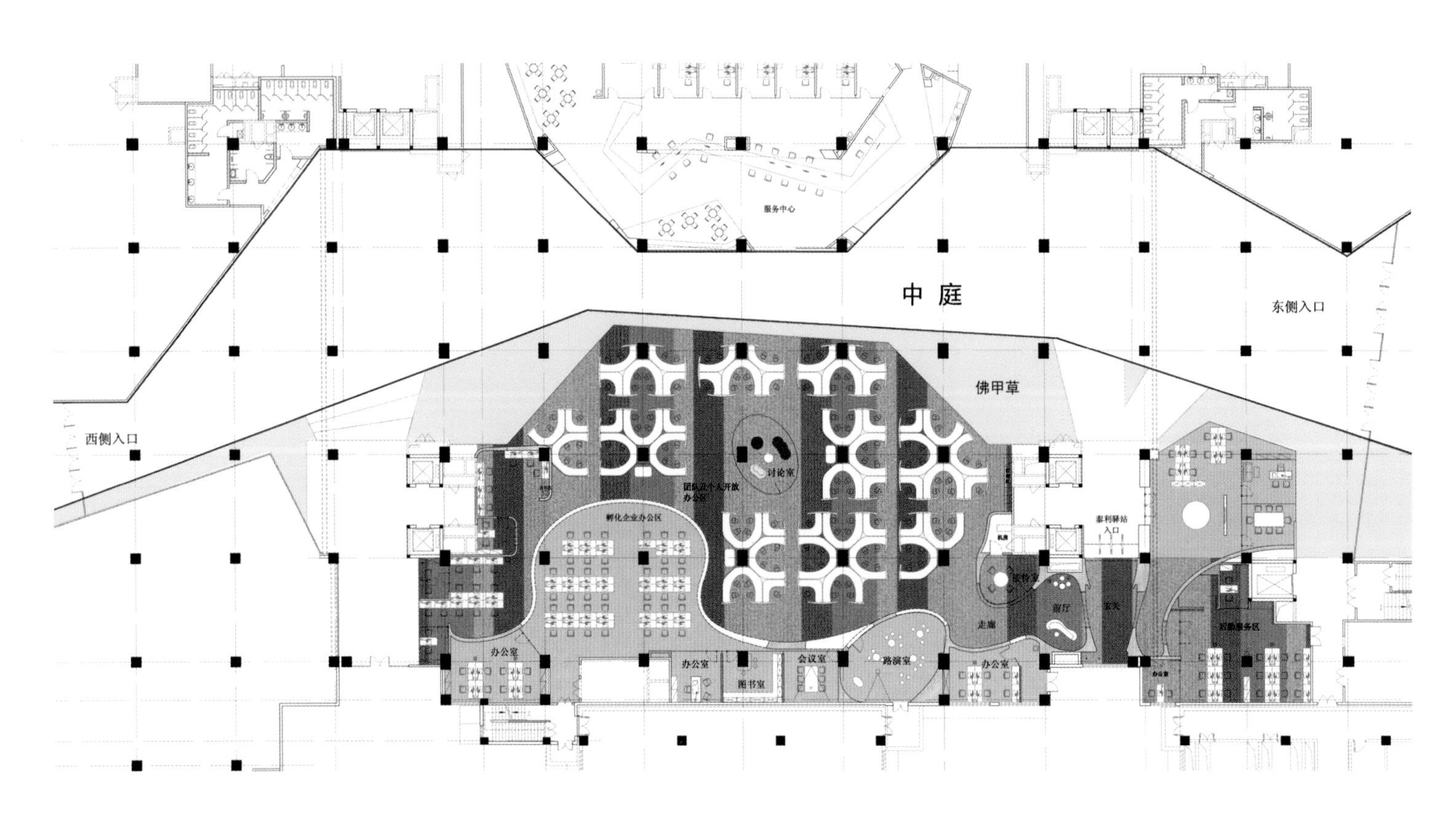
服务中心
中庭
东侧入口
西侧入口
佛甲草
讨论室
团队及个人开放办公区
孵化企业办公区
泰利驿站入口
前厅
玄关
走廊
后勤服务区
办公室
办公室
图书室
会议室
路演室
办公室

一层平面图

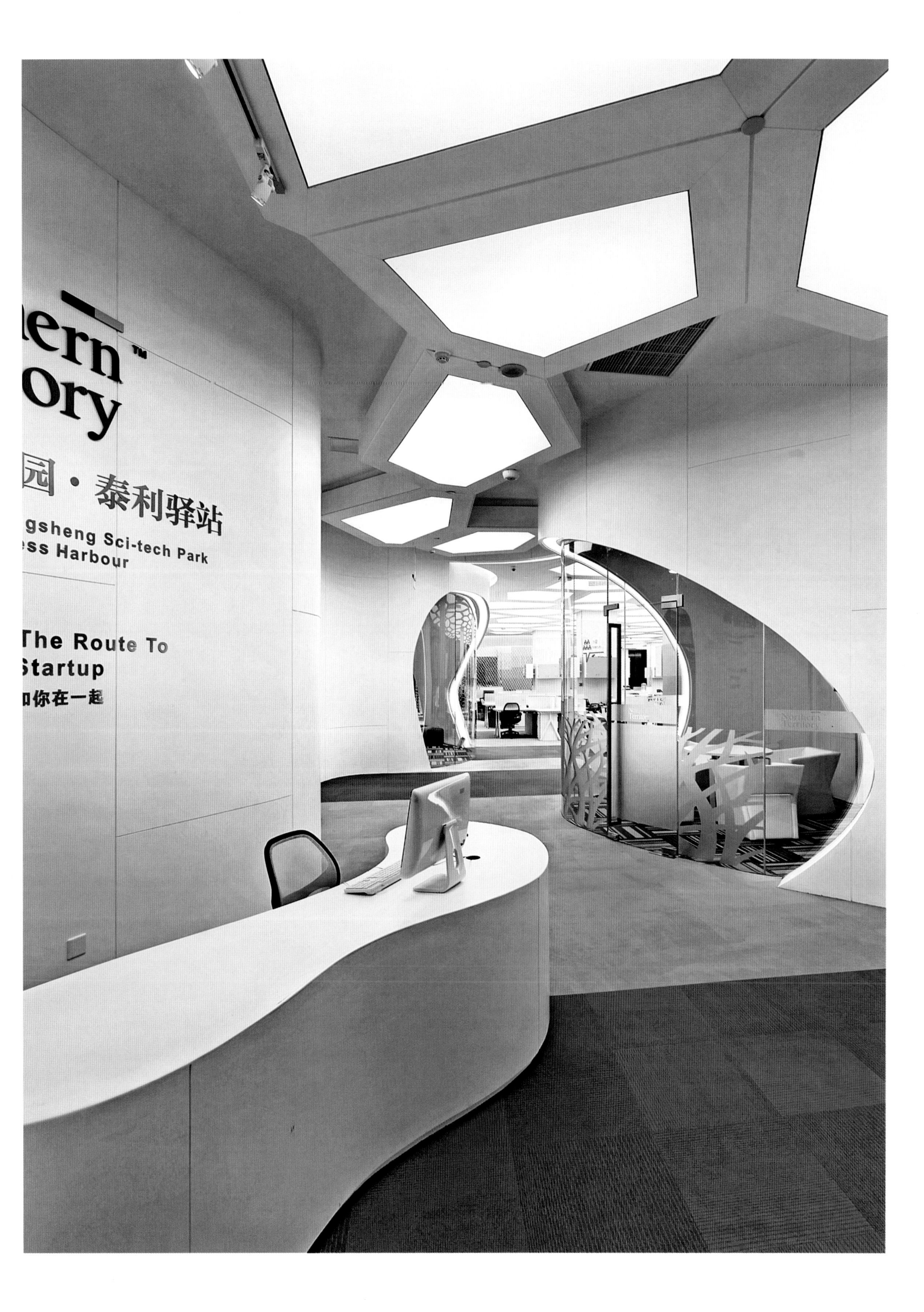
ern™
ory
园 · 泰利驿站
gsheng Sci-tech Park
ess Harbour
The Route To
Startup
你在一起

Northern Territory
Northern Territory

创业历程
ENTREP
不断寻找，
To Keep Purs
Keep Mendin
Yourself Is W

10

梁筑设计工作室
X-GIRDER BUILD DESIGN STUDIO

项目名称_梁筑设计工作室 / **主案设计**_徐梁 / **参与设计**_郑怀玉、李祖林、潘楚楚 / **项目地点**_浙江省金华市 / **项目面积**_200 平方米 / **投资金额**_50 万元 / **主要材料**_富得利、科勒

A 项目定位 Design Proposition
它可以工作，可以社交、也可以 PARTY 的创意空间；设计师交流聚会的场所，结合来访群体特质，舍弃常规的办公，一个充满新鲜感的可以社交的办公空间。

B 环境风格 Creativity & Aesthetics
设计师希望能在这样的空间营造出一种工业现代感，在这钢板、钢筋、水泥、木头中提炼出有历史，有故事，有精神，有快乐的那些面；所有朴素、陈旧、生硬的原始材料如今在这里得到重生，部分材质和家具透露着人文和传统的气息， 让有着历史的材料与当代的手法做结合，更让光明和黑暗产生对话。

C 空间布局 Space Planning
对空间布局做了新的定义，用建筑的思维方式来考虑室内空间关系，用空间的趣味性来替代无畏的装饰，空间整合后自然会形成好的装饰氛围。建筑本身就有一定的特质，和室内相比虽没有太多的语言存在却一样精彩。上午可以工作，下午可以有茶歇的地方，夜间每个角落都可以拿来聚会 PARTY。

D 设计选材 Materials & Cost Effectiveness
钢板、钢筋、枕木、水泥等都是原始性的材料。

E 使用效果 Fidelity to Client
让更多人了解了这样一种方式去表达室内空间且满意。

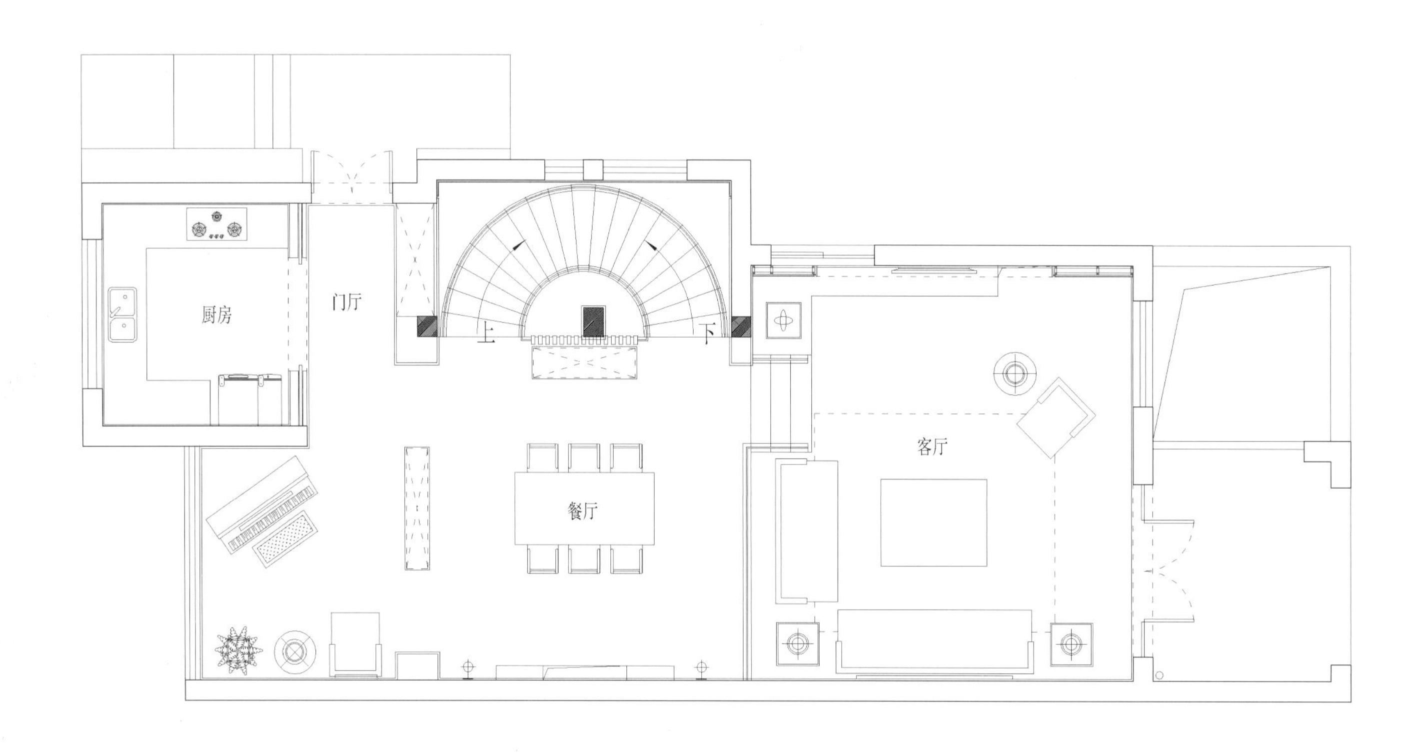

一层平面图

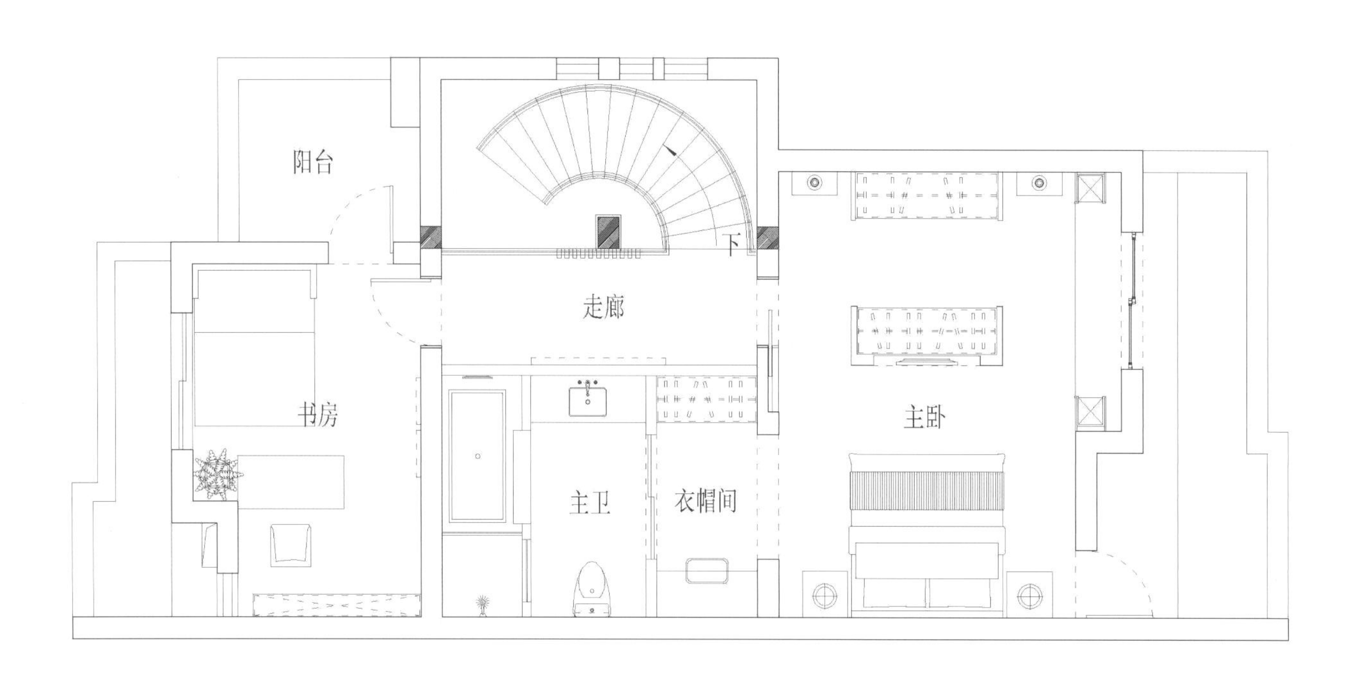

三层平面图

威克多制衣中心

VICUTU GARMENTS MANUFACTURING CENTER

项目名称_威克多制衣中心 / **主案设计**_张晔 / **参与设计**_纪岩、饶劢、郭林、韩文文、马萌雪、顾大海、刘烨、谈星火 / **项目地点**_北京市 / **项目面积**_10000平方米 / **投资金额**_8000万元 / **主要材料**_新特丽灯具、华艺灯具、波隆地毯、艺格地毯、科誉家具、SILVER家具、FRITGHANS家具、FRITGHANSE家具、索罗托家具、洛斯保隔断

A 项目定位 Design Proposition

硬朗的设计语言、丰富的空间层次、简洁的材料选择烘托出威克多男装企业独特的内敛气质。

B 环境风格 Creativity & Aesthetics

与建筑景观浑然一体的室内设计，达到了设计语言高度统一，空间环境内外呼应，设计细节细腻宜人的效果，使整个人作品既完整又不孤立。

C 空间布局 Space Planning

室内设计改造时，力求在建筑及内部空间中直观形象地体现企业形象，创造成熟经典优雅创新，极富魅力的建筑空间。设计师对整栋楼进行了立体剪裁：

1）在整栋楼的外侧加建共享空间，以结合logo设计的索式玻璃幕为新立面；

2）借用共享空间，在楼层中形成丰富有趣实用的六边形空间单元；

3）在门厅处跳空楼板，改原有的单层单调的门厅为两层通高、轩敞震撼的大堂单元。

D 设计选材 Materials & Cost Effectiveness

利用恰当的质感、色彩、光、细节的搭配提升空间品味，使她在创意上、气质上和VICUTU企业、VICUTU成衣相匹配。

E 使用效果 Fidelity to Client

投入运营后，受到企业领导的高度评价，提高了企业在同行之间的知名度。为企业带来了良好的声誉。使得威克多的企业形象达到了国际品牌的标准。

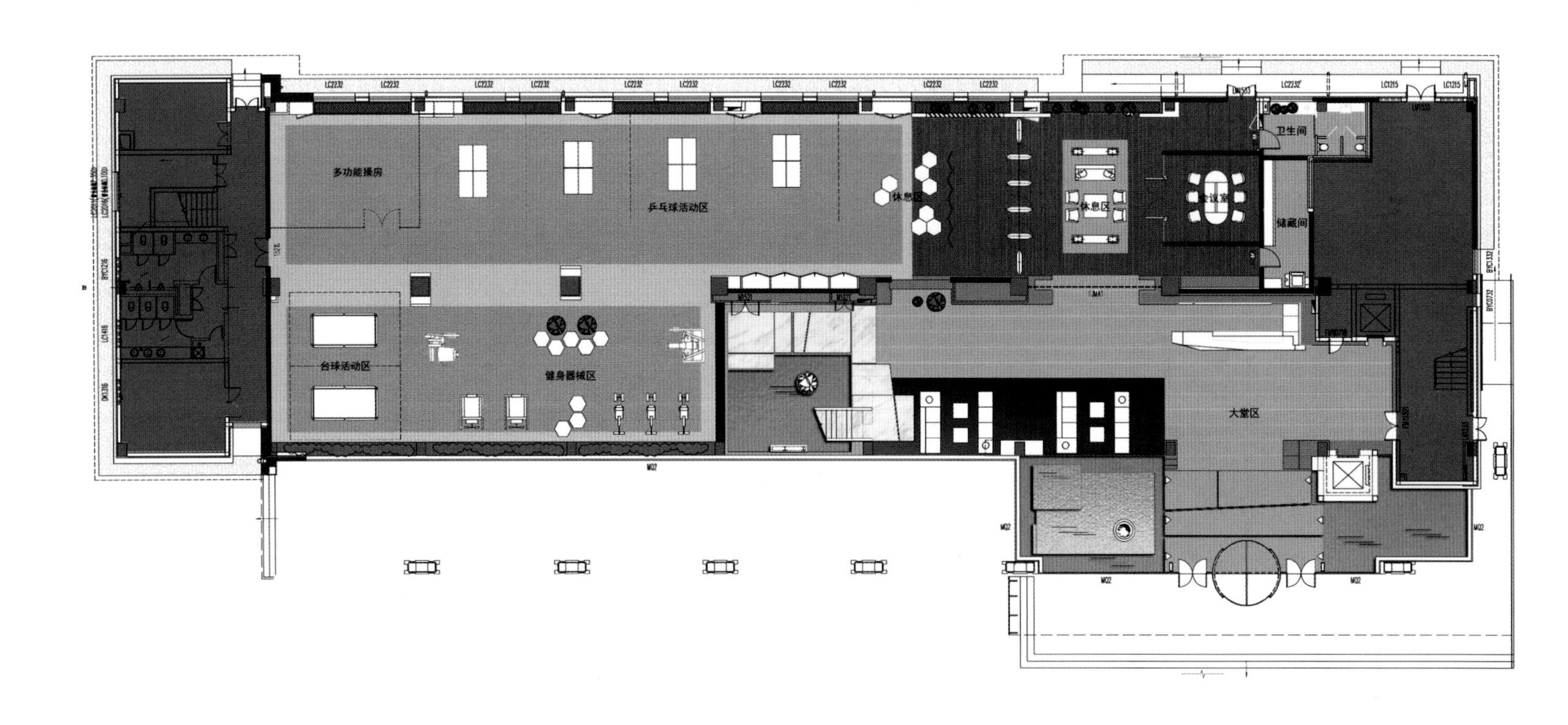

一层平面图

VICUTU

易和设计小河路办公室

EHE DESIGN OFFICE ON XIAOHE ROAD

项目名称 _ *易和设计小河路办公室* / **主案设计** _ *马辉* / **项目地点** _ *浙江省杭州市* / **项目面积** _ *1565 平方米* / **投资金额** _ *300 万元* / **主要材料** _ *乳胶漆、涂料、BOLON 地胶板*

A 项目定位 Design Proposition

通益公纱厂的厂房是杭州市唯一的工业建筑遗存，经历了百年的风雨沧桑，是国家级重点文物保护建筑，浙江省园文局有着非常详细、苛刻的装修规章。本案是设计公司自用的办公空间，是由京杭大运河悠久的通益公纱厂的缫丝车间改造而成。

B 环境风格 Creativity & Aesthetics

设计师在保持原有文物结构不变动的前提下对内部的格局进行了重新的规划改造，既保留了古朴自然的历史感，又注入了现代的时尚元素。环境风格元素集中体现在纯白色和绿灰相间的 BOLON 地胶板。

C 空间布局 Space Planning

空间布局上集中体现保留百年的木构架一起展现了整个空间的性格。对设计师来说，空间的解读和经历了百年岁月的木构架是的绝美之处，尊重原有的空间、尊重原有的材质、尊重原有的历史风貌，节制地使用设计语言，保护文物本体，做到增一语则多，减一语则少的设计境。

D 设计选材 Materials & Cost Effectiveness

设计选材上集中体现保留百年的木构架一起展现了整个空间的性格。

E 使用效果 Fidelity to Client

作品一经面世，就引来了社会各界的关注，通过作品的空间布局、色彩、材料的选择及细节向来访的客户和员工展示了易和设计企业的实力和文化。旧厂房的成功改造也为申遗运河增添了一道亮丽的风景线。

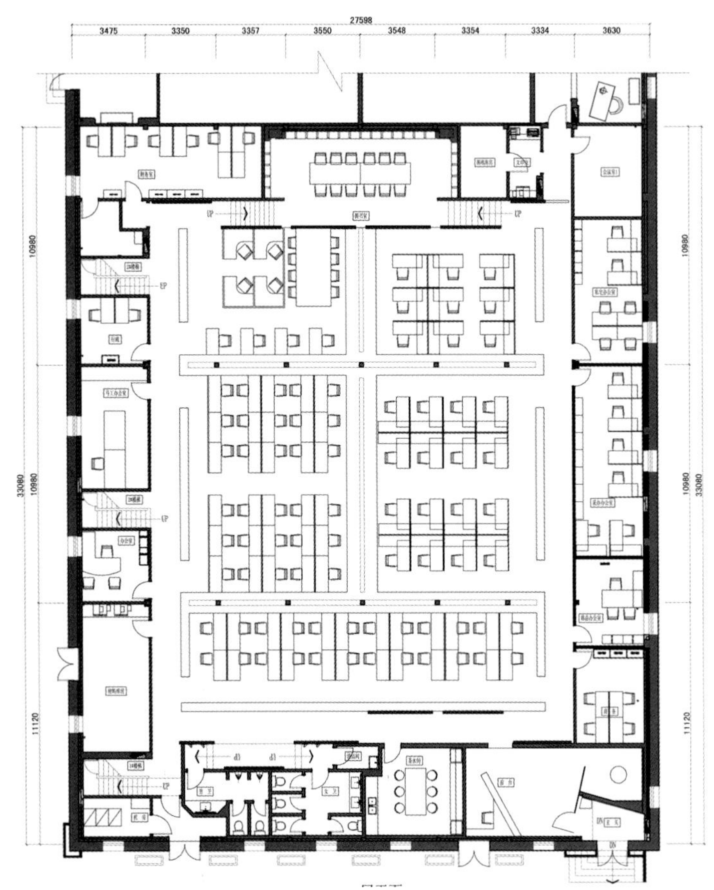

一层平面图

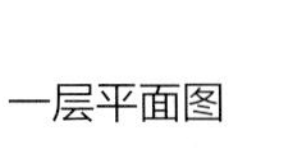

墨臣石灯胡同办公楼改造

MOCHEN NEW OFFICE RENOVATION OF SHIDENG HUTONG

项目名称 _墨臣石灯胡同办公楼改造 / **主案设计** _赖军 / **参与设计** _杨卿、董世杰、景刚、王新亚、刘路平、周波 / **项目地点** _北京 / **项目面积** _700 平方米 / **投资金额** _400 万元

A 项目定位 Design Proposition

该项目位于西城区金融街石灯胡同，原建筑功能为办公空间，建筑形式一二层为半砖混结构，三四层为轻钢结构，总建筑面积 503 平方米。 改造方案以修缮原有建筑为主，拆除部分主体结构对原有建筑进行加固与更新，原有室外楼梯改为室内钢梯。主要结构为：一、二层加建为钢筋混凝土框架结构，三、四层为钢结构，局部玻璃幕墙，改造后建筑面积为 700 平方米。

B 环境风格 Creativity & Aesthetics

整体建筑以现代风格为主，外观形式保留了原有建筑屋顶"Z"字形的特征，并把这种符号形式延伸到建筑的室内外，包括外墙分格、入口处理、前台设计处处体现。色调为清新淡雅的浅木色、白色为主。所有的办公家具全部为定制产品，结合使用特点而设计，灯光设计主要以反光灯槽结合办公桌面条状照明为主，顶面不设置点光源避免出现眩光点，营造漫反射舒适空间。室外一层庭院、二层休息平台与院外古树相结合，给大家提供了舒适的休闲空间。

C 空间布局 Space Planning

原有建筑为二层砖混框架结构，局部三层。三、四层局部为轻钢结构，旧结构的拆除与加固、改建部分与原有部分的合理结合成为此次改造的重点。

D 设计选材 Materials & Cost Effectiveness

原有建筑与改建部分相结合，交通空间与附属空间设计上尽量简洁、整齐统一，办公空间相对粗矿，把原有建筑结构顶板，改建部分钢承板外露并作简单刷白处理，体现了建筑的蜕变与新生。外立面设计形成几种材质的对比，四层设计大面积的玻璃幕墙并配合丝网印，与三层仿石涂料反差强烈。一层把 6 毫米钢板做成格栅形式围合建筑主要立面，与周边四合院住宅形成反差。

E 使用效果 Fidelity to Client

非常好。

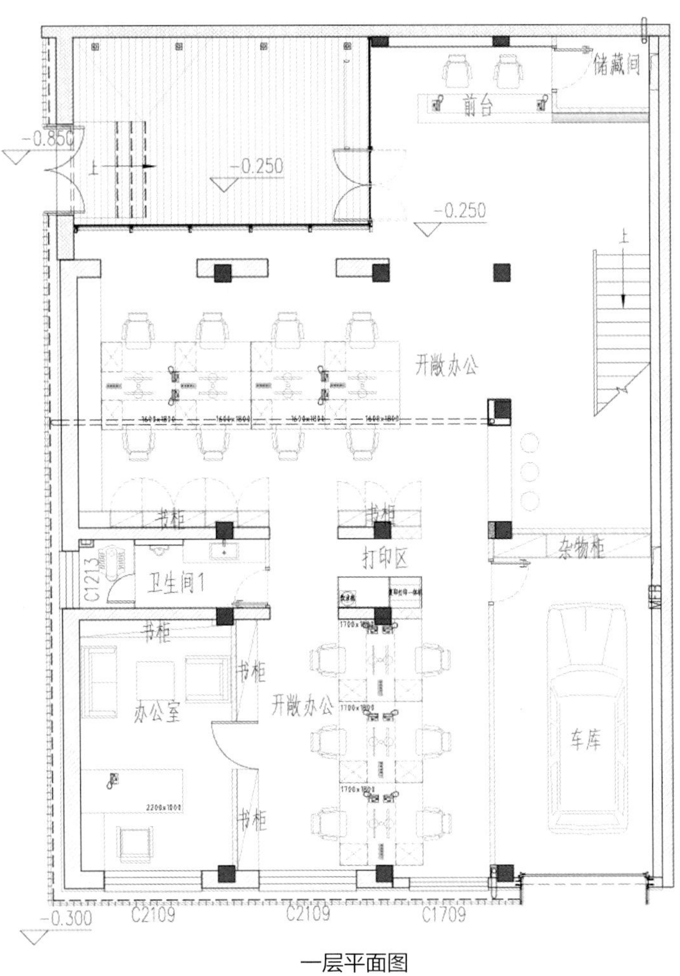
储藏间
前台
-0.850
-0.250
-0.250
上
上
开敞办公
书柜
书柜
杂物柜
打印区
C1213
卫生间1
书柜
书柜
开敞办公
办公室
车库
书柜
-0.300
C2109
C2109
C1709

一层平面图

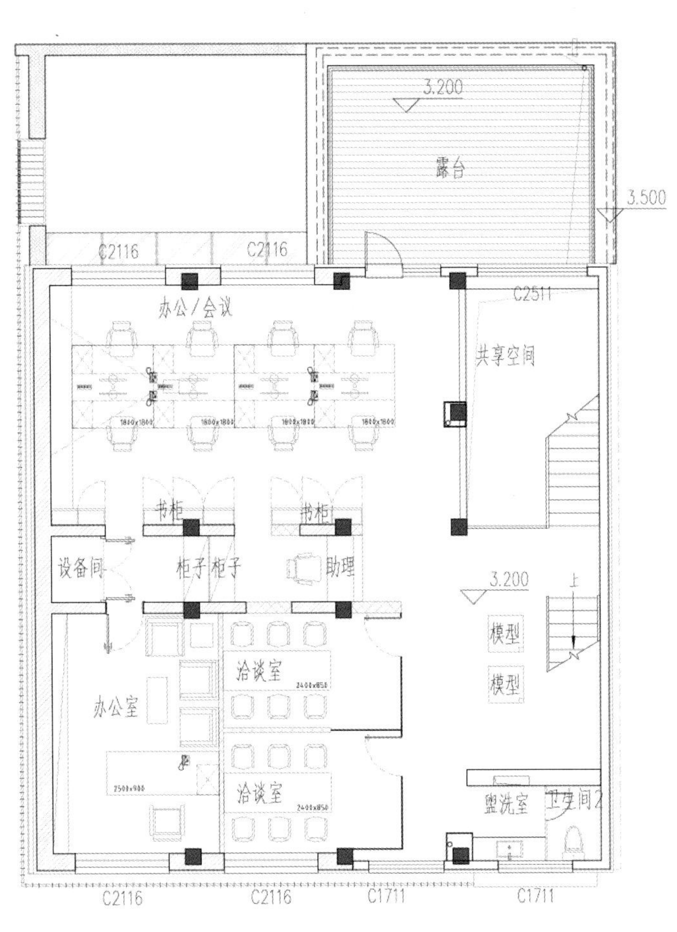
3.200
露台
3.500
C2116
C2116
C2511
办公/会议
共享空间
书柜
书柜
设备间
柜子 柜子
助理
3.200
模型
模型
洽谈室
办公室
洽谈室
盥洗室
卫生间2
C2116
C2116
C1711
C1711

二层平面图

MVRDV
KM3
NEW YORK

DETAIL
建筑细部 ARCHITECTURE & DETAIL
Concept
Excursions on Capacities
KM3
MVRDV
立方
设计
CUBE DESIGN
WORLD ARCHITECTURE AND INTERIOR
富甲
天下
Apex Manual
MONT BLANC

居然顶层设计中心
EASYHOME TOP DESIGN CENTER

项目名称 _ *居然顶层设计中心* / **主案设计** _ *梁建国、高飞* / **项目地点** _ *北京市* / **项目面积** _ *4000 平方米* / **投资金额** _ *2000 万元*

A 项目定位 Design Proposition
居然顶层不仅仅是国际设计中心，这里也将是未来设计大师的摇篮，通过一些激励机制，鼓励新生代设计师的成长。居然顶层开创一种新的业态模式，为未来会员店的顺利过渡，提供实验性的探索经验。

B 环境风格 Creativity & Aesthetics
从建筑到室内及景观，我们希望创造一个整体的空间环境，消除建筑与景观的隔离，从而营造一个内外融合的空间氛围。打造绿色建筑，通过院落及采光天窗，达到采光、通风、空气调节的目的。

C 空间布局 Space Planning
通过院落营造写意空间，我们强调中国建筑的魂，不追求建筑外在的形。重新定义大小不一景色各异的院落空间，达到一方天地，藏纳风水，闹中取静的中式庭院意境。

D 设计选材 Materials & Cost Effectiveness
选择绿色、低碳、环保的建筑材料，不追求奢华，强调对自然、生态的开发利用及艺术化。

E 使用效果 Fidelity to Client
这里会是国际化的窗口，设计大师在这里展示和发布他们最新的设计作品，不定期的学术及设计交流活动，大师学院等。功能的多样性，交流的灵活性，未来的弹性和多业态模式共存，使得这里成为未来国际性的设计中心。

BLUE MORNING
COFFEE

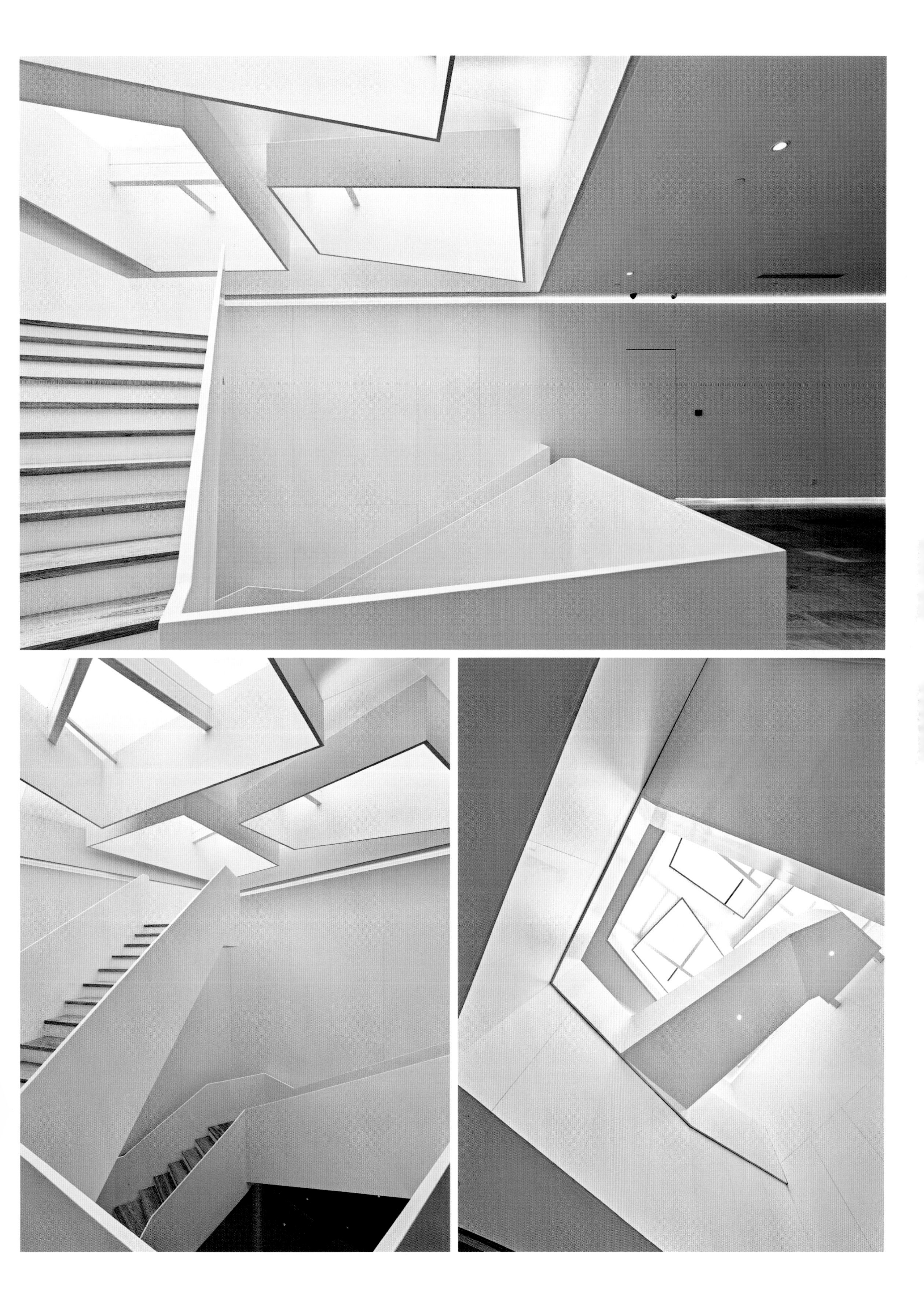

一起设计 DESIGNTOGETHER

项目名称 _ 一起设计 / **主案设计** _ 林琮然 / **参与设计** _ 侯正光、李本涛、姚生、王琰炯 / **项目地点** _ 上海市普陀区 / **项目面积** _1300 平方米 / **投资金额** _130 万元 / **主要材料** _ 水泥、木材、黑铁、黑玻

A 项目定位 Design Proposition

废旧的厂房内新起的一种办公室设计，将有限的设计的成本运用到无限的创意中去，完美地利用空间布局将老旧的厂房划分两层，活动的上下楼方式，更让沉闷地办公环境多了一丝俏皮，开放性的综合办公区域使人感觉放松、舒服，充分呈现旧空间再利用的根本。

B 环境风格 Creativity & Aesthetics

在面对偌大挑高的工业老厂房时，经过了反复不断堆敲，决定用一种简单而深具仪式性的空间布局，让长达 12 米宽的大阶梯，成为设计概念的主题。

C 空间布局 Space Planning

空间机能分布上，在大阶梯的上方放置大型会议室，让来访的客人也感受到那行走间的戏剧性，因此木头大阶梯的存在，构成了此地既流动又恒定的日常事件，成为主导空间的精神气质，内部空间的格局，考虑阳光空气等物理条件，把餐厅、图书室、洗手间与集团总监室放入阳光最好的南面，西面放入娱乐空间与多功能室，其余的主管室配置于北面，手法上采用开敞与玻璃的分隔方式，让日光直接进入挑空的中央工作区域，在内部建立一个自然的工作环境，利用这样的空间规划，清楚介定了一个完整的功能序列，满足了不同属性与性质各异的部门体系，另外增建的二楼空间在靠近主要挑空区，留设回廊迫使上下层间发生可互动的关系，二楼廊道底端终点的旋转滑梯，提出一种创意的使用方式，巧妙又顽皮地解决了下楼的问题，除了呼应厂房挑高的特色，完整组织出一严密的使用罗辑。

D 设计选材 Materials & Cost Effectiveness

在建筑材料方面，寻找出一种朴素的自然构建美学，这是种真实而单纯的回归。

E 使用效果 Fidelity to Client

简单，好用，这就是对办公室做大的评价。

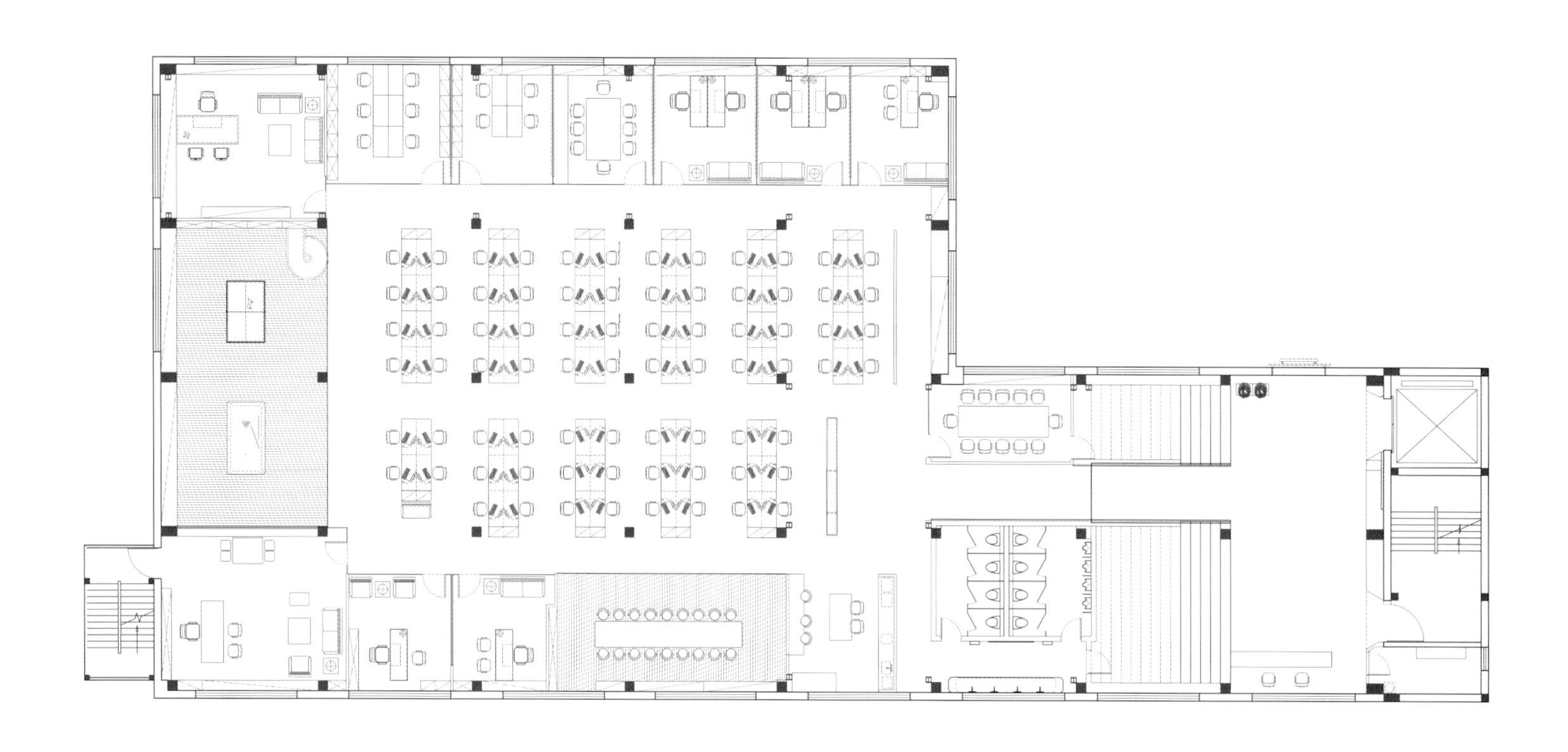

一层平面图

禾公社装饰办公空间

HEGONGSHEZHUANGSHI

项目名称 _ 宁波市禾公社装饰办公空间 / **主案设计** _ 胡秦玮 / **项目地点** _ 浙江省宁波市 / **项目面积** _108 平方米 / **投资金额** _20 万元 / **主要材料** _ 莫干山、多乐士、小美世家

A 项目定位 Design Proposition

作为宁波首家设计师经济机构，禾公社的主人为自己打造了咖啡馆一般的工作空间。不压抑，无需拘束，随意放松。这将是办公文化的新趋势，带动了一波年轻老板为员工们摆脱束缚，摆脱格子间。

B 环境风格 Creativity & Aesthetics

作为一个办公室没有正规的办公桌，大家随意落座，今天做长桌，明天坐沙发，只要舒服，不要束缚。

C 空间布局 Space Planning

红砖、绿墙、做旧明代灯挂椅、舒服的欧式沙发、米字旗柜子、中国风原木柜子、岳敏君笑脸装饰画。中国风，英伦风在这里碰撞在这里融合。

D 设计选材 Materials & Cost Effectiveness

用普通红砖做表面处理，达到了文化砖的效果。

E 使用效果 Fidelity to Client

各大摄影机构多次借场地拍摄各知名服装品牌知名乐团宣传照等。

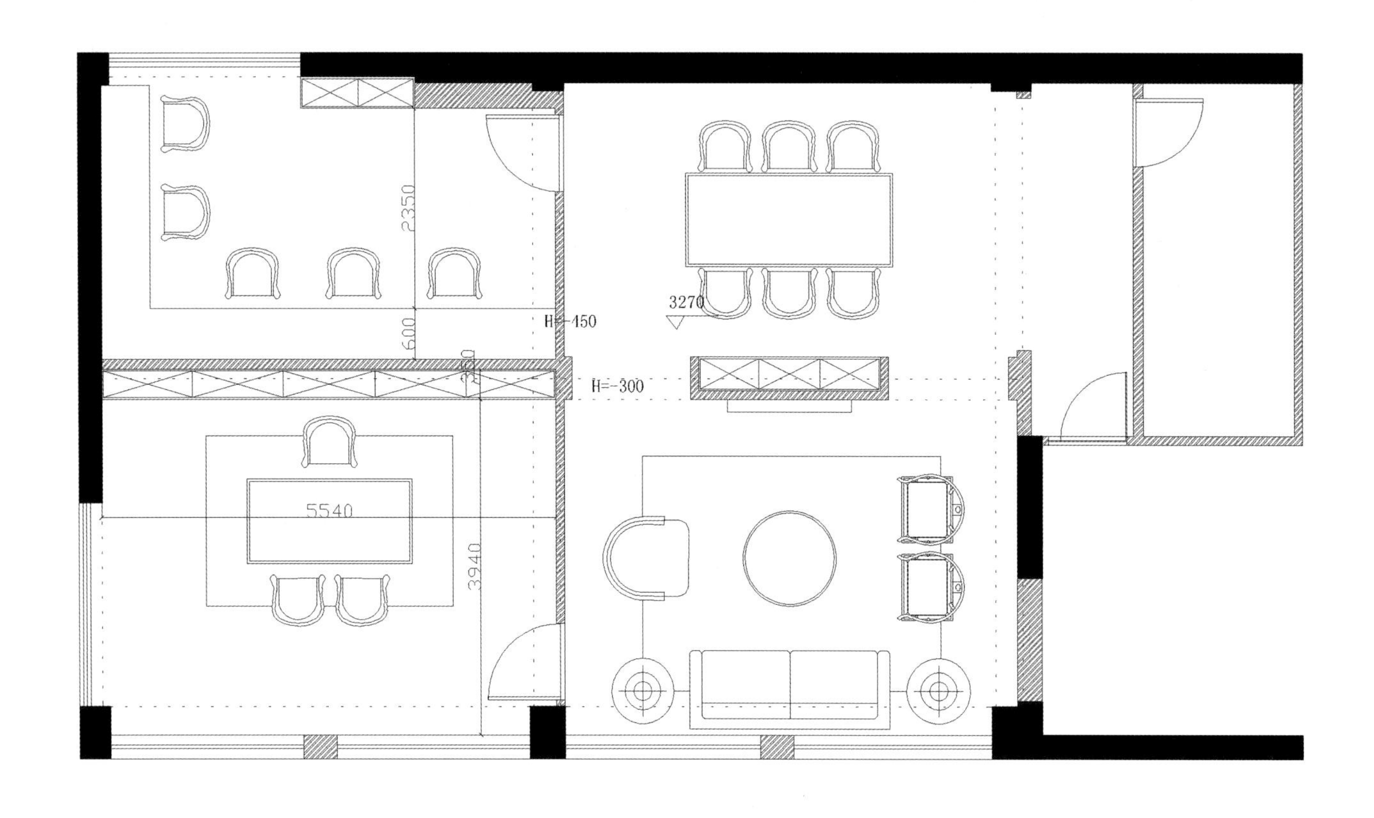

一层平面图

ROYAL

励峻创建有限公司
MACAO LI JUN CREATION LIMITED

项目名称 _ 澳门励峻创建有限公司（香港办事处）/ **主案设计** _ 洪约瑟 / **参与设计** _ 李启进 / **项目地点** _ 香港 中西区 / **项目面积** _184 平方米

A 项目定位 Design Proposition

此案中的办公室主要是招待 VIP 客户。

B 环境风格 Creativity & Aesthetics

这个设计选中用了简单欧式线条，加入了现代设计风格配合。

C 空间布局 Space Planning

会议室采用透明大玻璃窗，增加空间感。

D 设计选材 Materials & Cost Effectiveness

接待处枱有简单欧式线条，配合接待处地面特别蓝色地毯，让接待处成为焦点。

E 使用效果 Fidelity to Client

这项目会吸引更多人做 VIP。

澳門勵駿創建有限公司
Macau Legend Development Ltd.

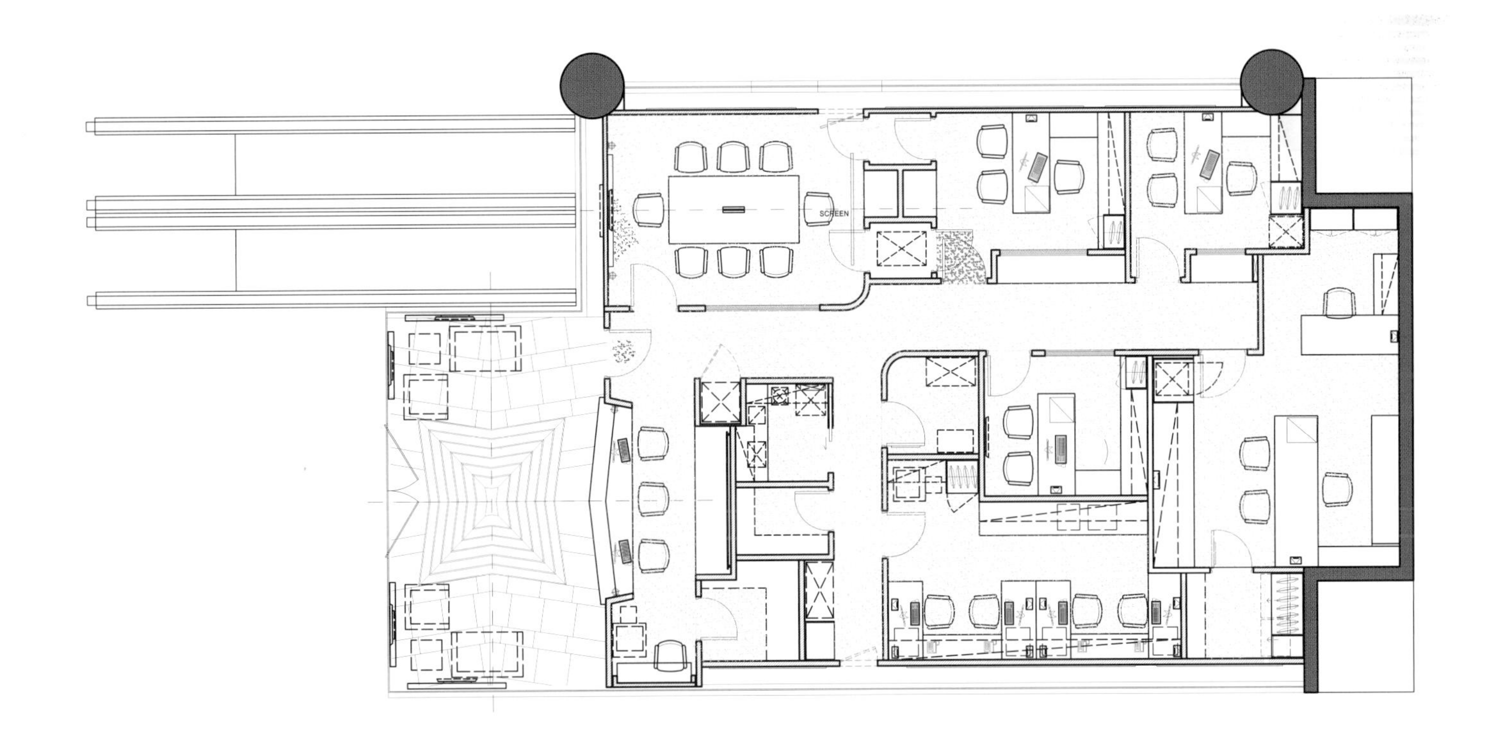

一层平面图

北京路 2 号修缮项目

NO. 2 BEIJING ROAD REPAIR PROJECT

项目名称_北京路 2 号修缮项目 / **主案设计**_苏海涛 / **参与设计**_王莹、邹勋、任泽粟、程舜、陈蓉 / **项目地点**_上海市 / **项目面积**_11831.48 平方米 / **投资金额**_7594 万元 / **主要材料**_Milliken 块毯、震旦办公家具

A 项目定位 Design Proposition

本项目立足于对北京东路 2 号大楼进行保护修缮，对建筑功能进行合理的优化，对大楼进行可持续利用。

B 环境风格 Creativity & Aesthetics

本项目从始至终遵从“尊重、保护、交融、发展”的设计思想，实现了在尊重历史的前提下用可行的保护策略，并充分考虑客观存在的使用需求，达到保护与使用的完美交融，最终达成历史建筑室内空间的可持续利用与发展。

C 空间布局 Space Planning

设计采用三种层次的“岛式服务区”：

1）围绕主楼梯周围布置茶歇休闲区、卫生间、更衣室等辅助空间，形成楼层中心岛。

2）建筑每层走廊中间区域布置会议、接待、打印、茶歇功能，形成区域中心岛。

3）以多功能办公单元、可移动临时讨论单元等现代办公设施，借助现代信息通信手段，形成每个员工个人办公中心岛。

D 设计选材 Materials & Cost Effectiveness

新颖。

E 使用效果 Fidelity to Client

很好。

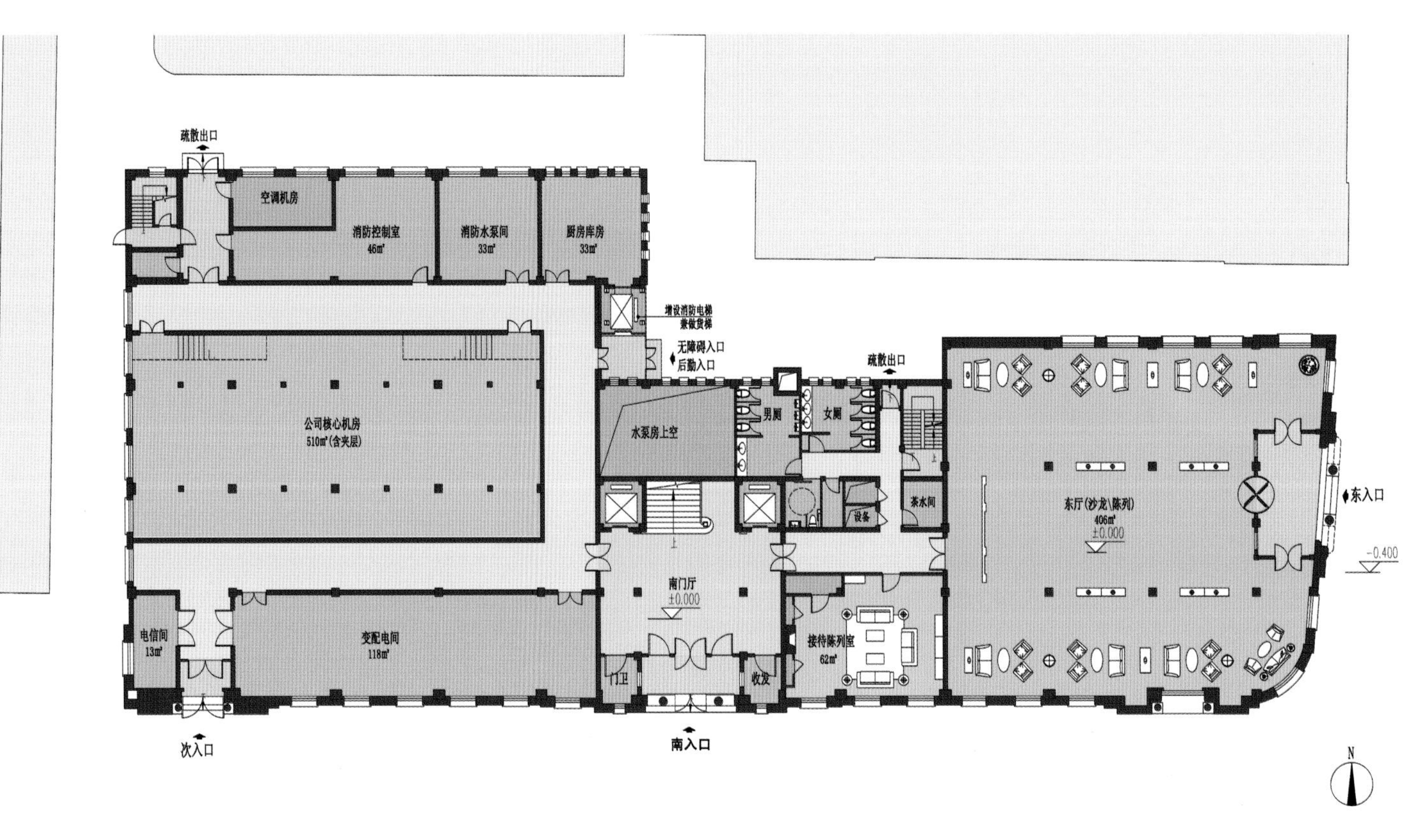

疏散出口
空调机房
消防控制室
46㎡
消防水泵间
33㎡
厨房库房
33㎡
增设消防电梯
兼做货梯
无障碍入口
后勤入口
疏散出口
公司核心机房
510㎡(含夹层)
水泵房上空
男厕
女厕
设备
茶水间
东厅(沙龙\陈列)
406㎡
±0.000
东入口
-0.400
南门厅
±0.000
电信间
13㎡
变配电间
118㎡
接待陈列室
62㎡
门卫
收发
次入口
南入口
N

一层平面图

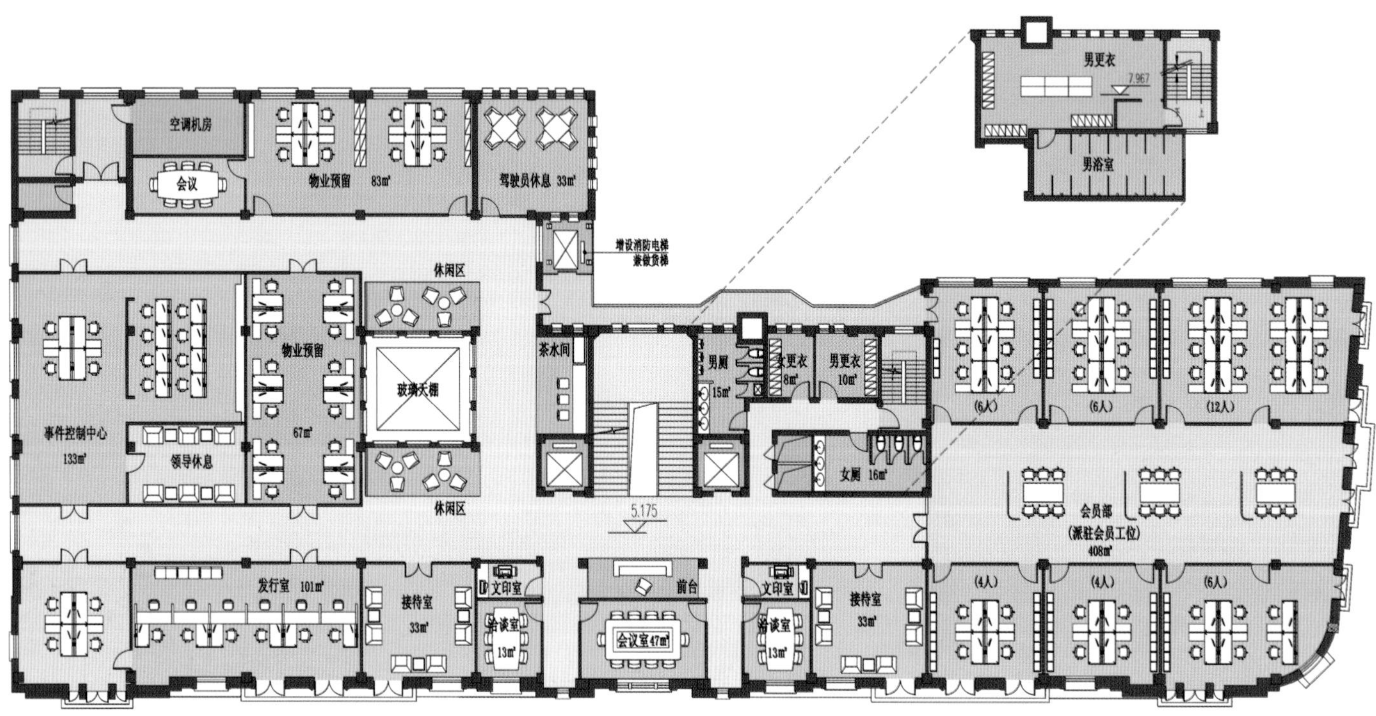
男更衣
7.967
男浴室
空调机房
会议
物业预留 83m²
驾驶员休息 33m²
增设消防电梯
兼做货梯
休闲区
事件控制中心
133m²
领导休息
物业预留
67m²
玻璃天棚
休闲区
茶水间
男厕
15m²
女更衣
8m²
男更衣
10m²
女厕 16m²
(6人)
(6人)
(12人)
会员部
(派驻会员工位)
408m²
5.175
发行室 101m²
接待室
33m²
文印室
洽谈室
13m²
前台
会议室47m²
文印室
洽谈室
13m²
接待室
33m²
(4人)
(4人)
(6人)

二层平面图

亚信联创研发中心

ASIAINFO

项目名称_*亚信联创研发中心精装修设计项目* / **主案设计**_*王宏* / **参与设计**_*孙宁* / **项目地点**_*北京市* / **项目面积**_*22558平方米* / **投资金额**_*2832万元* / **主要材料**_*东帝士地毯、大石馆石材、芝加哥金属吊顶板、多乐士乳胶漆、富美家防火板、福尔波亚麻地板、科勒洁具、金属网天花、震旦家*

A 项目定位 Design Proposition

亚信联创公司是2000年在美国纳斯达克成功上市的中国IT企业。公司的文化既有严谨治学又有放松富有朝气的一面，2000多名员工中年轻人比较多，因此在设计策划定位时，经于客户的反复沟通，将设计重点体现在员工区休闲的工作方式及公共区的严谨大气的形象上，并结合自建的建筑设计及空间特点，打造适合IT企业需求的室内空间，实践移动办公的设计理念。

B 环境风格 Creativity & Aesthetics

本项目位于上地中关村科技软件园2期，结合科技企业园区的特点及公司自身发展的需求，在环境风格上考虑到室内外环境的风格统一关系，定位环境风格为现代简约风格，并着重运用色彩体现不同环境的转化。在环境设计指标上满足绿色建筑三星的设计要求，从选材和机电设计方面实现绿色环保，节约能源及可持续发展的目标。

C 空间布局 Space Planning

本项目是客户自建的集办公、接待、展示、配套服务与一体的总部基地，因此，合理布局综合性的功能及动线是室内平面规划的重点。首先，我们应用了模块化的设计方法使空间功能具有更多灵活性，更有效率。其次，我们顺应建筑本身的空间特点和设计理念，注重连廊空间的设计，动静结合。实践移动办公理念。最后，注重空间形态的穿插，虚拟空间、共享空间的应用。丰富使用者的空间体验。

D 设计选材 Materials & Cost Effectiveness

本项目为限价设计项目，在有限的精装预算内精打细算，选材时既要考虑实现空间效果又要合理安排材料预算。天花设计上大面积采用裸顶天花以弥补空间高度的不足，局部空间采用造型天花和铝格栅天花体现科技感及空间中的线条感。洁具均选用节水性产品，局部卫生间采用无水坐便器。连廊地面选用彩色亚麻环保地板，既给人以放松的感受又方便日后使用维护。

E 使用效果 Fidelity to Client

整体效果得到了客户各级使用者的认可及好评，我们看到了连廊的移动办公功能得以充分发挥，企业团队通过移动家具的摆放还增加和补充了许多空间的不同用法，通过广告招贴补充了不少企业宣传内容，员工普遍表示喜欢新的办公环境。

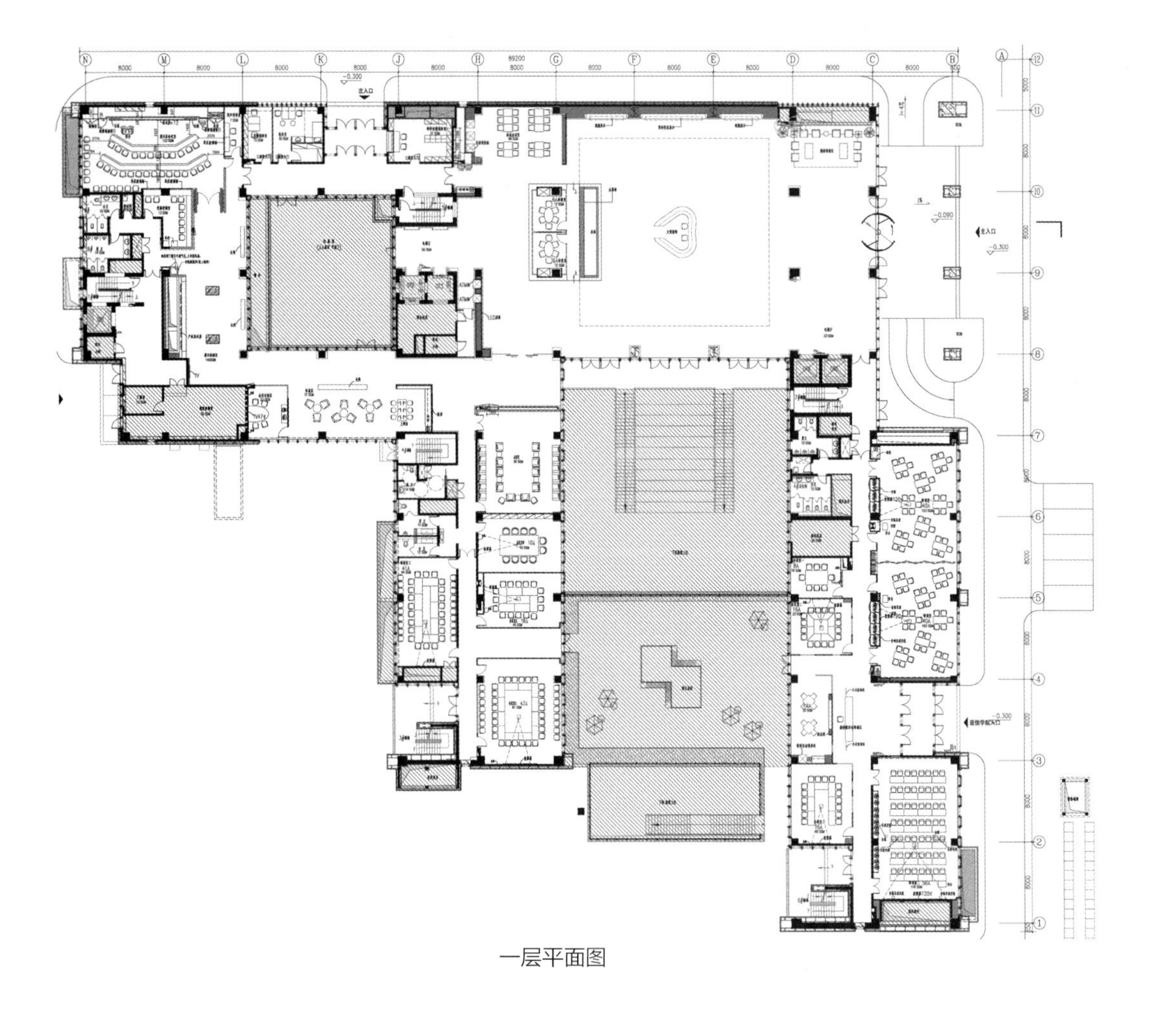

一层平面图

NESCAFÉ

呼吸的内建筑
BREATHING IN THE BUILDING

项目名称 _ *呼吸的内建筑* / **主案设计** _ *柯智益* / **参与设计** _ *林志明* / **项目地点** _ *福建省漳州市* / **项目面积** _ *300平方米* / **投资金额** _ *20万元* / **主要材料** _ *素水泥肌理面处理、锈钢板、原木等*

A 项目定位 Design Proposition

办公空间对于追求自由轻松的办公环境渴求的满足程度，直接影响设计师对设计的创造力和想象力。设计公司的办公空间更应该强调独特的氛围，让办公空间不再呆板、单调，艺术与功能完美结合，创造出一个真正属于设计师工作的环境。

B 环境风格 Creativity & Aesthetics

充分利用原有厂房建筑的高度和结构，还原建筑特有的气质。追求简单、质朴、通透、灵动的空间感觉。

C 空间布局 Space Planning

南侧采光及通风较好的区域用作会客区，阅读区和办公区域，中部空间则利用一个体块的落差打造出一个巨大的盒子作为前部和后部的分割区。通过这个盒子进入后半部的总监办公室会议室及物料组。让叠加的空间更加具有趣味性。

D 设计选材 Materials & Cost Effectiveness

坚持低碳、节能、环保的概念，大量使用涂料、素水泥、原木、锈钢板等最质朴、最真实的建材，打造一个立体的内建筑空间。

E 使用效果 Fidelity to Client

置身于这样的办公空间，让设计师在工作的同时淡化对视觉环境影响而产生的审美疲劳，用提炼的建筑语言来表达对内建筑的理解，激发团队源源不断的创造力，提高工作的效率。

观域设计咨询事务所
GUANYU

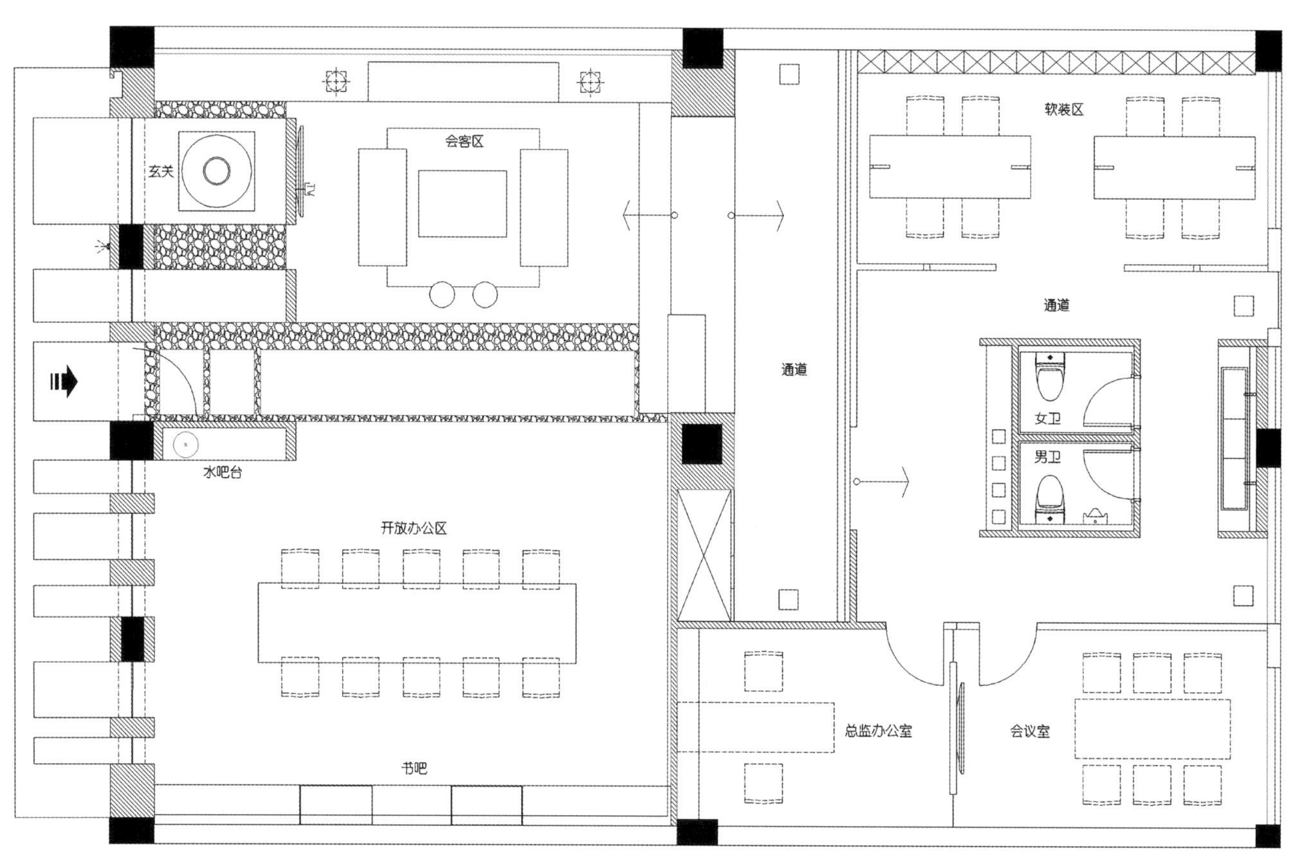

一层平面图

卢湾 917 精品办公
SHANGHAI LU WAN 917

项目名称 _上海卢湾 917 精品办公 / **主案设计** _黄全 / **项目地点** _上海市 / **项目面积** _26000 平方米 / **投资金额** _8000 万元 / **主要材料** _罗马金灰洞大理石

A 项目定位 Design Proposition

它不在外滩，没有万国建筑的映衬，它不在陆家嘴，没有金融区的现代繁华 但它要足以浓缩了百年卢湾的历史文化内涵。

B 环境风格 Creativity & Aesthetics

这就是卢湾 917 精品办公所承载的精神核心。它坐落于上海卢湾区龙华东路与日晖东路交汇处，紧邻绿地集团。优越地理位置使它肩负着既要体现集团的商业地产企业形象的，又要保留“海派印象”及卢湾区的历史文化使命。

C 空间布局 Space Planning

基于以上因素我们从建筑景观到室内都运用了有别于传统办公 ART deco 的设计风格，设计手法上我们将古典对称和现代简约的线条感完美的结合起来，同时融入了“镂空”的剪纸艺术和“麦穗”的编织造型，勾勒出了现代企业欣欣向荣的力量，呈现出现代艺术的精品办公环境。

D 设计选材 Materials & Cost Effectiveness

选材多以大理石嵌条，突显了大气尊贵的设计风格。而采用的暗门更节约了空间。

E 使用效果 Fidelity to Client

投入运用后因该项目小户型办公较多，因此奢华典藏风格更适合了小户型办公，让整个项目更具有特色。

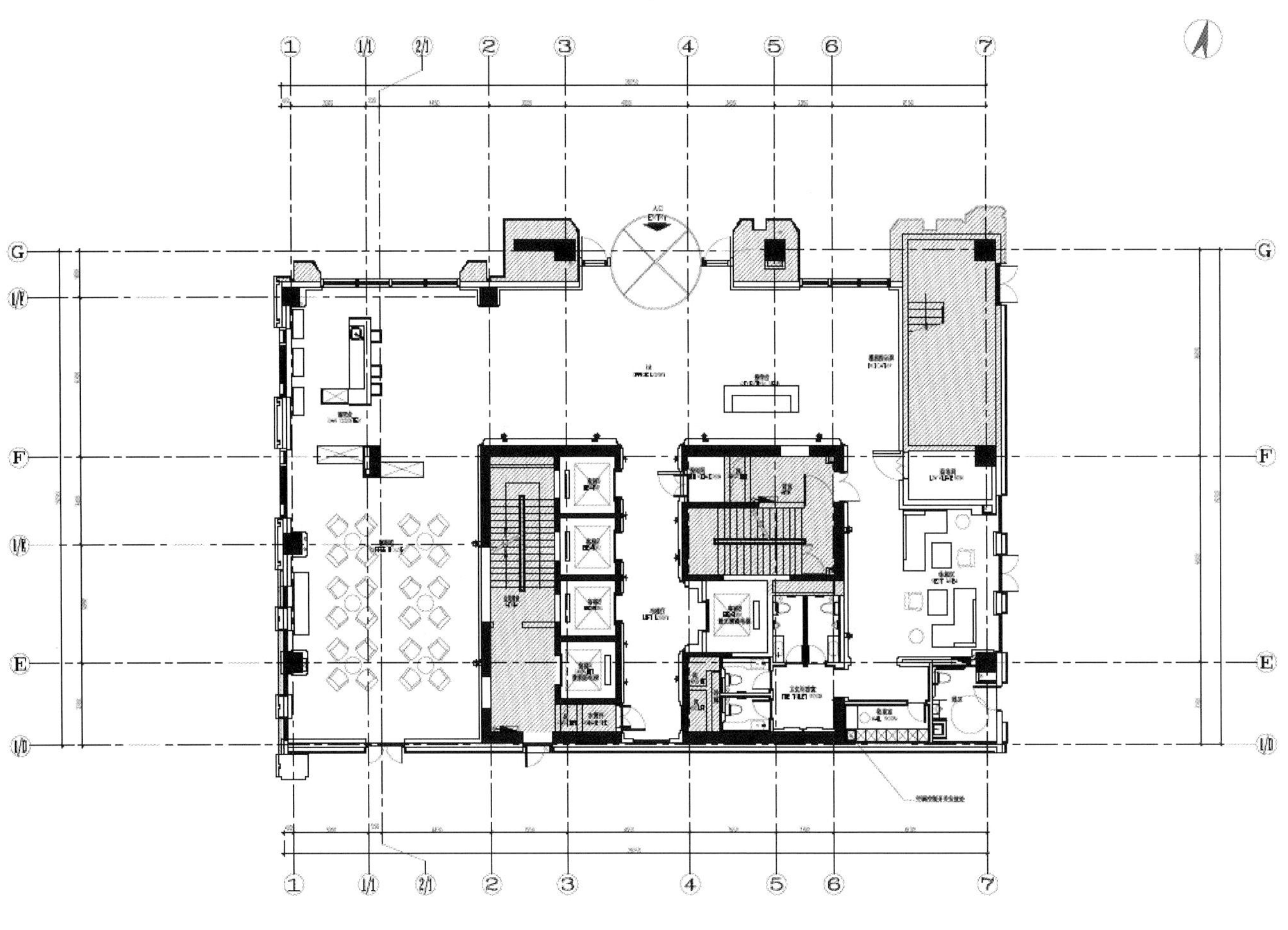

一层平面图

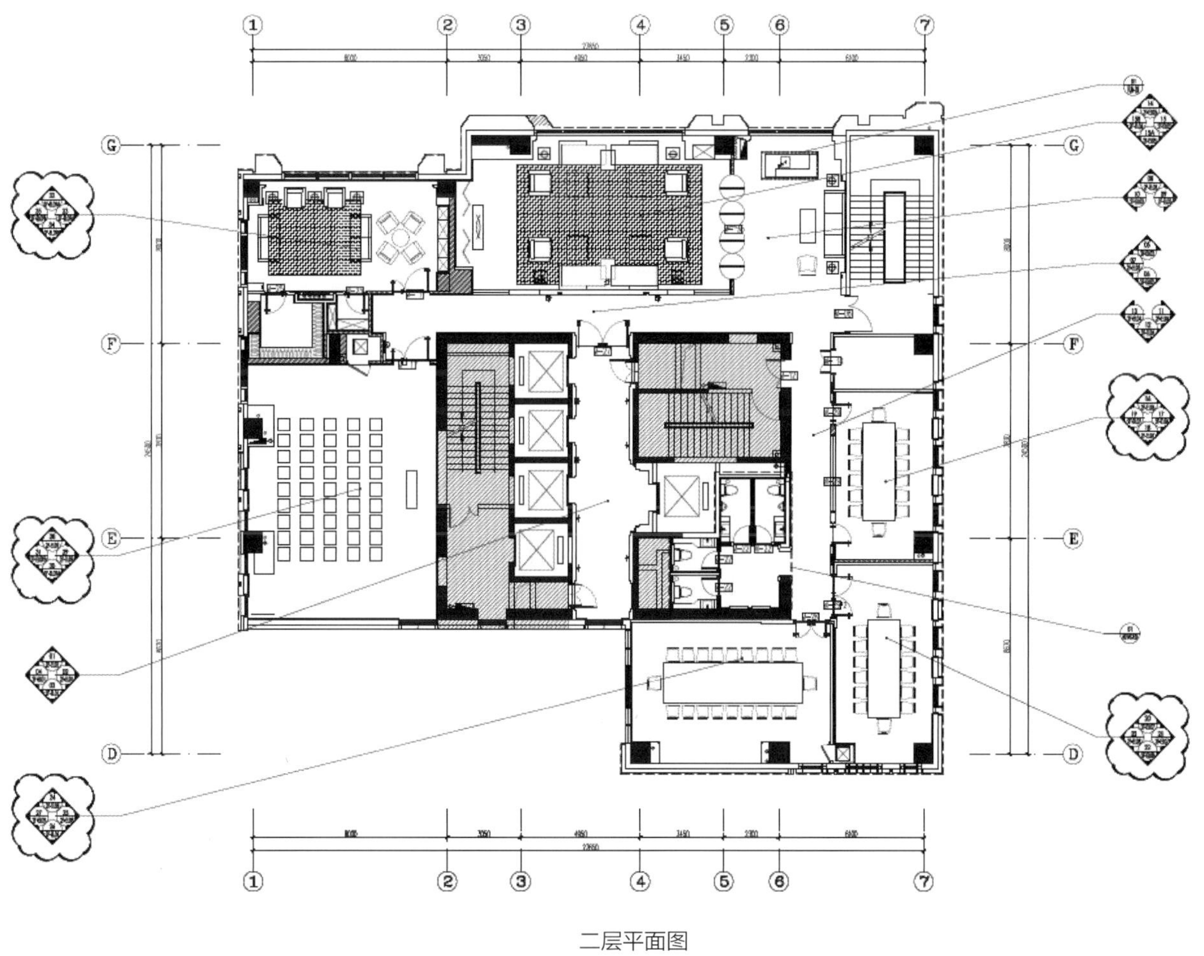

二层平面图

希格玛商务中心
SIGMA COMMERCIAL CENTER

项目名称_希格玛商务中心 / **主案设计**_罗劲 / **参与设计**_张晓亮、程菲 / **项目地点**_北京市 / **项目面积**_1890 平方米 / **投资金额**_800 万元 / **主要材料**_莎安娜石材、木饰面、玉砂玻璃、米色硬包布、地毯

A 项目定位 Design Proposition

希格玛商务中心项目是用于高端商务接待所设立的。针对本次对室内部分的方案设计，我们充分研究、理解其功能性质，对功能部分做详细设计规划，完成了针对性的设计，并提供了整体的施工服务。

B 环境风格 Creativity & Aesthetics

案例中重点强调了室内装饰风格的统一，运用简约的装饰元素，强调大体块的排列与组合，使空间显得统一、现代、庄重。

C 空间布局 Space Planning

项目从功能需求出发，空间布局合理。前厅、展厅、接待室、会议室形成自然流畅的空间流线，整体风格统一。入口处通过木质体块与钢化玻璃穿插，通过灯光的照射，产生出整体造型大气磅礴的视觉感受。前厅作为一个接待的重要空间，它担负着接纳与流通的主要责任，因此在设计整体把握上，力求简洁明快，突出整体感，天然石材不同规格的铺设，本身就存在着丰富的变化，并在局部墙面利用木条造型和灯光，形成美丽和秩序的韵律，突出现代感，丰富其空间的统一性和庄重性。笔直向前，展厅、会议室、接待室延续这一风格。大会议室外石材天花与石材墙面的连接，米色灯带环绕，不但满足了空间上光源的照明作用，更给人整体美的感受。会议室里米色硬包布、订织地毯不但柔化了空间，更提升了空间的品质。小餐吧则以简洁、明快的设计语言，带给人舒适的就餐环境。

D 设计选材 Materials & Cost Effectiveness

本案采用大量石材、木材及玻璃材质，形成各种造型，并通过灯光照射达到现代简洁效果。

E 使用效果 Fidelity to Client

用理性的思维，以功能为本，塑造出当代空间特有的现代稳重，高效快捷，时尚人文的空间。

Tencent

MiND
The Tencent MIND
腾 讯 智 慧
M Measurability
i Interaction
N Navigation
D Differentiation
omg

体验室 2
体验室 1
录音室2
录音室1
女卫生间
保洁室
男卫生间
文印间
上
书吧
空调机房
茶水区
流动工位区
休闲区
书柜
书柜 座椅
员工区
布线间
办公区入口
等候区
大会议
展厅
接待厅
接待室
卫生间
卫生间
中会议
咖啡吧

一层平面图

UI室内设计事务所改造

UI INTERIOR DESIGN FIRM REFORM

项目名称 _UI 室内设计事务所改造 / **主案设计** _陈显贵 / **项目地点** _浙江省宁波市 / **项目面积** _400 平方米 / **投资金额** _20 万元

A 项目定位 Design Proposition

这是一家设计公司，也是一个设计师潜心营造的“家”。四年的积累与成长，形成了今天你所看到的UI室内设计的独特空间表现。区别于提倡效率与简洁的主流办公空间，UI呈现的是一种多样性的丰富、一种时间雕琢的痕迹和一种如家般温馨成长的感觉。

B 环境风格 Creativity & Aesthetics

当然这种设计的出发点源自设计师的职业特性，作为一家主要从事“家宅”设计的公司，项目的设计师作为公司老总希望这种设计能够首先从环境开始培养员工对“家”的认识和感觉，其次是希望让员工能够以一种放松的态度面对自己的工作，同时还希望能为客户营造一种体验式的环境，将自己对家的一些领悟和理念更好的传达给他们。

C 空间布局 Space Planning

公司在搬到这里的四年之后一直在变化。每年，设计师都会把他的旅途收获放进这个空间，都会在局部做一些整修和改造，屋内的油画、艺术品一点点的积累，屋外的花园和水池也是绿意渐浓，水草渐丰。 细心的人能够发现空间成长的痕迹，影音室里又添了不少影碟，墙上多了几幅画，窗边、书桌上多了些盆景，会客区挂了付老床沿做的背景……

D 设计选材 Materials & Cost Effectiveness

厚重的砖墙、裸露的横梁、青灰色的水泥地面，到处充满了工业文明时代的沧桑韵味。设计师在方案中保留了原址的历史印记，设计师办公区域墙面与天花通体刷白，董事设计办公区展现了木纹砖与地板的搭配，空间色彩来自于软装装饰，简约而不简单的设计使人心情放松。

E 使用效果 Fidelity to Client

陈显贵将自己的公司打造成了另外一个家，有厨房、有影音室、有休息室、有客厅、有会客室，每个来到这里的人就像是到访的客人，设计师说，我希望自己的员工在这里能够不要感受太大的压力，也不要有工作中的呆板感，我希望我的设计师们都有生活感。

LIVING IN STYLE PARIS

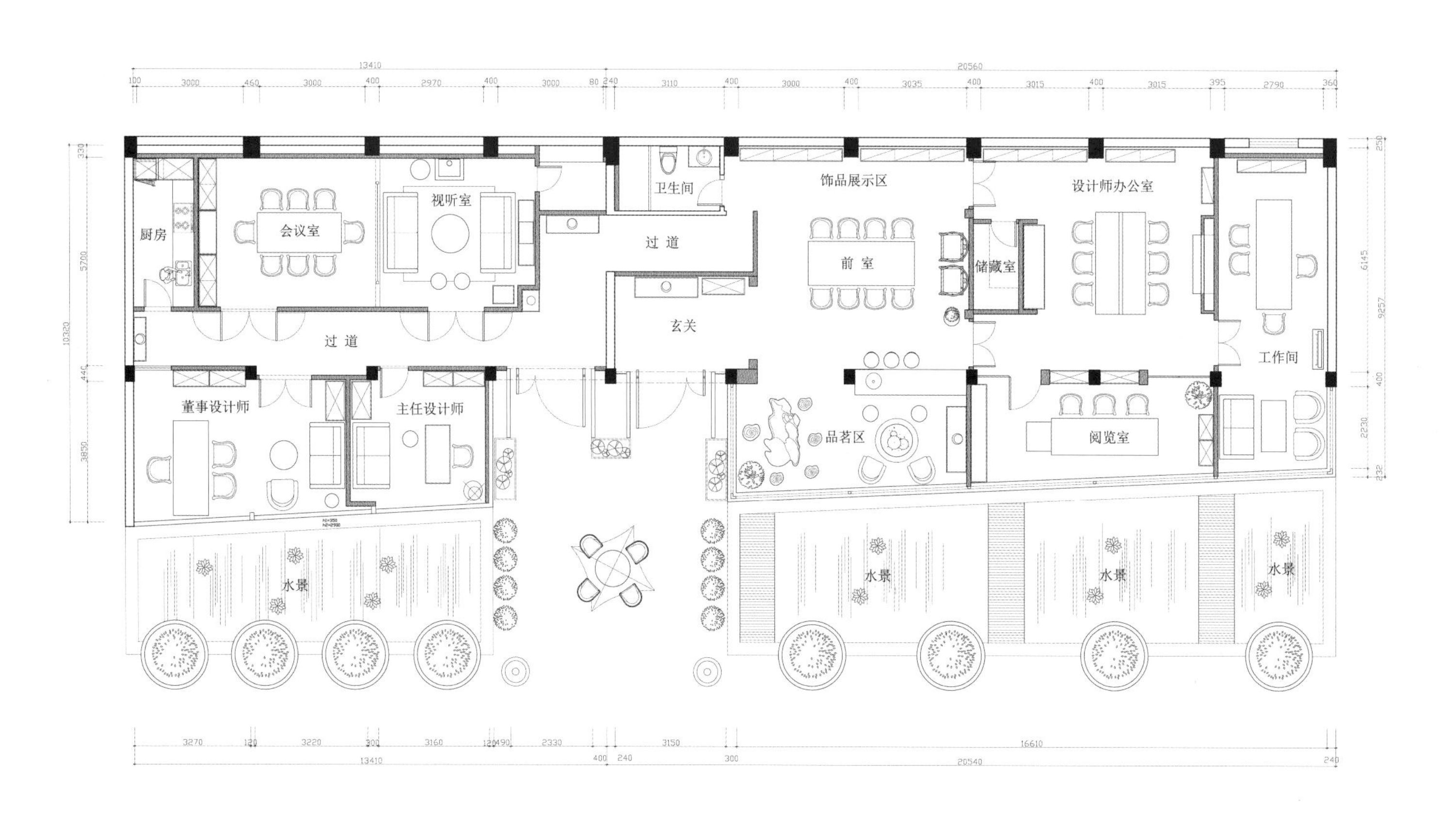
厨房
会议室
视听室
卫生间
饰品展示区
设计师办公室
过道
前室
储藏室
过道
玄关
工作间
董事设计师
主任设计师
品茗区
阅览室
水景
水景
水景
水景

一层平面图

活发集团大厦综合楼

YUNNAN YUXI LIVE GROUP BUILDING

项目名称 _ *云南玉溪活发集团大厦综合楼* / **主案设计** _ *殷艳明* / **项目地点** _ *云南省玉溪市红塔区汇溪路* / **项目面积** _ *22000 平方米*

A 项目定位 Design Proposition

“七彩云南”山美、水美，阳光、色彩、碧水、白云、蓝天……自然与现代的融合孕育着无数灵动与美妙的音乐，组成了这片优美土地的主旋律；“山不转水转”，抚仙湖的清澈与湛蓝又给了设计无尽的遐想与灵感。云南活发集团大厦正是在玉溪这个名闻遐迩的宜居城市依山而建的。

B 环境风格 Creativity & Aesthetics

综合接待楼的设计由于功能变化大，对整体风格的把控和设计师的综合设计能力提出了更高的要求，如何把酒店设计与办公空间自然的融合在一起是本案的难点。接待功能主要集中在裙楼部分 1-4 层，客房部分设置于 5 至 11 层，以标准房、单套和复式公寓为主，集团办公设置于 12 至 15 层，16 至 18 层为集团领导办公层，功能布局由于是以集团内部接待为主，因此功能布局相对简单，接待空间布局更趋向于会所式的设置。

C 空间布局 Space Planning

在空间设计上“以动带静”，通过天花块面的穿插与地面分割的导向性让空间活跃而有生机，方正的空间与等边三角形的切割造型相得益彰，柱式的自由斜切线也突破着空间的束缚，看似矛盾的空间有着大胆而写意的突破，是为一个“活”字；在立意与设计理念上，主背景墙的大型挂件“祥云梯田图”运用云南独有的黄铜与紫铜造型相结合，自由、灵动而具有强烈的地域文化特征，也暗喻了活发集团的蓬勃生机与发展延绵不绝，是为一个“发”字，在设计选材上以意大利木纹石结合地面贝娜米黄石相对比，自然、温暖、整体而有品质；灯光氛围冷暖结合，低调而不刻意，张驰有度，中性色温让酒店氛围与集团办公有了一个很好的结合点，“中”而不“庸”；黑色不锈钢边的勾勒突显出企业的现代与干练。

D 设计选材 Materials & Cost Effectiveness

在大堂咖啡区灰影木树形的造型运用、在健身房瑜珈区水纹波浪的墙面造型… …不同的自然抽象形态都在诉说着设计的追求与故事的美好；三层大会议室和多功能厅是一个活动聚集地，天花的三角起伏造型和大堂一脉相承，空间方正、结构清晰，连续的重复变化让空间生动、整体，灯光温暖自然和窗外的蓝天令人有着一样的愉悦。

E 使用效果 Fidelity to Client

很好。

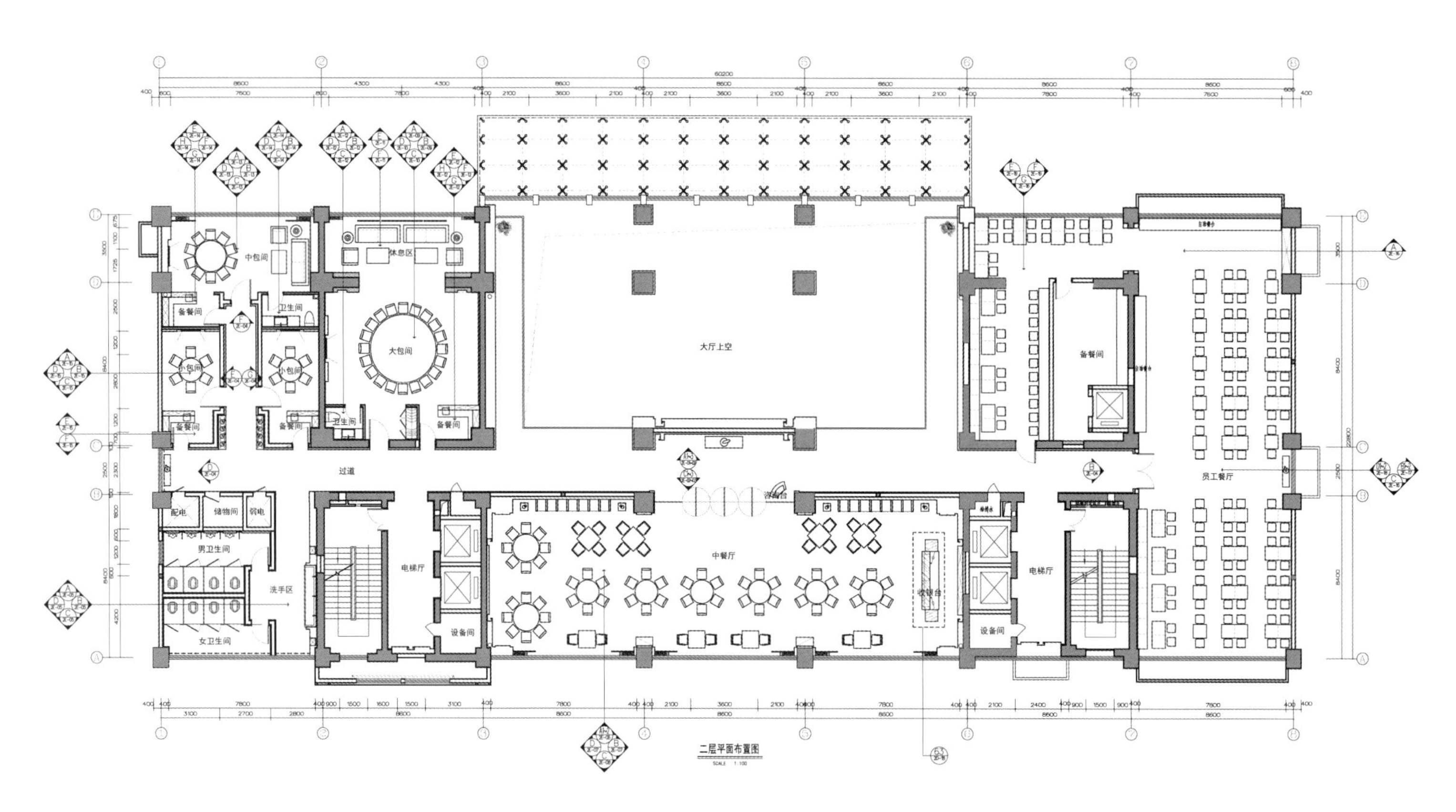

中包间
休息区
卫生间
备餐间
大包间
小包间
大厅上空
过道
配电
储物间
弱电
男卫生间
洗手区
女卫生间
电梯厅
设备间
中餐厅
员工餐厅
二层平面布置图

二层平面图

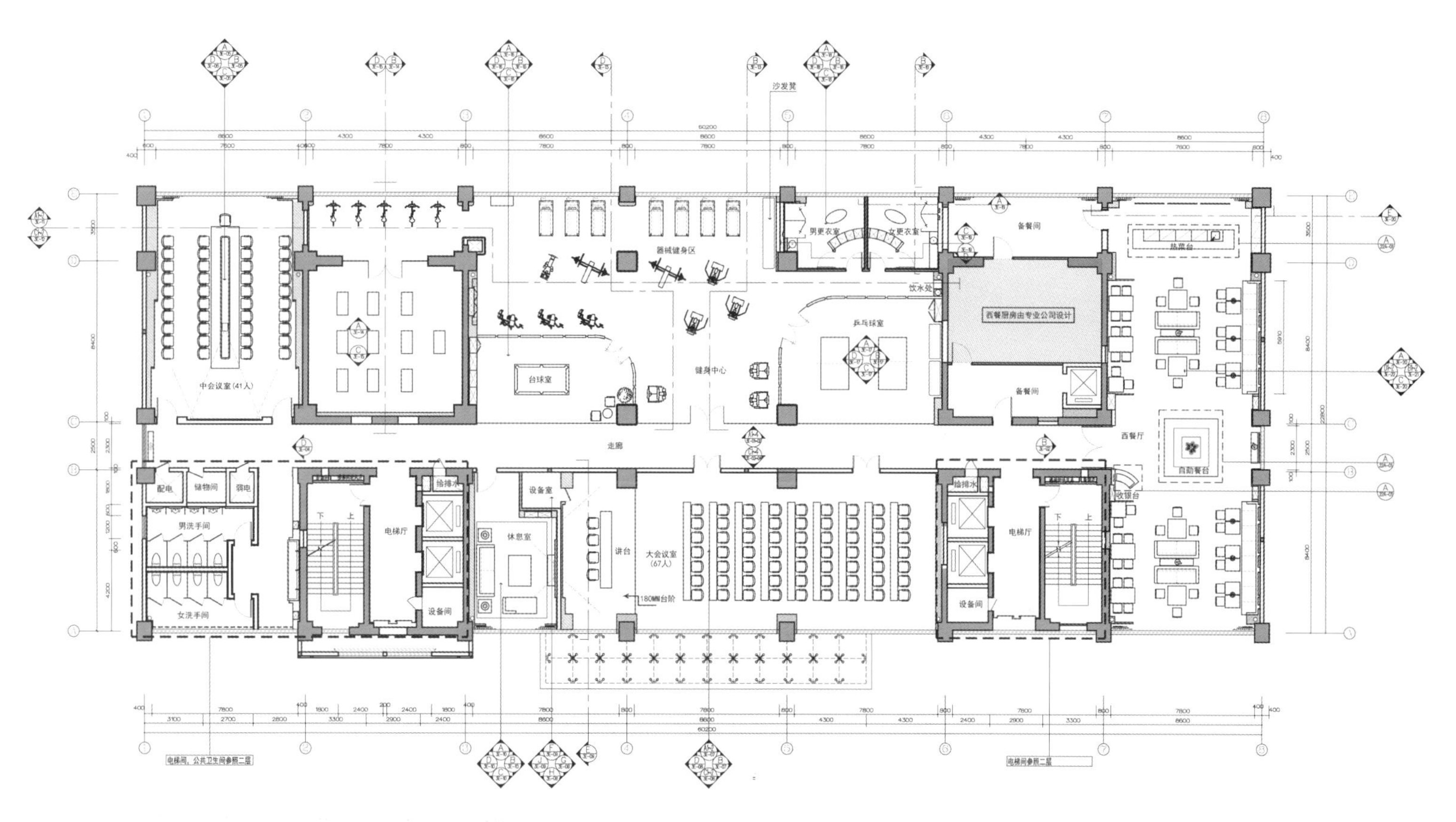

沙发凳
中会议室（41人）
器械健身区
男更衣室
女更衣室
备餐间
热菜台
饮水间
西餐厨房由专业公司设计
乒乓球室
台球室
健身中心
备餐间
西餐厅
自助餐台
收银台
走廊
配电
储物间
弱电
男洗手间
女洗手间
下
上
电梯厅
给排水
设备间
设备室
休息室
讲台
大会议室
（67人）
180MM台阶
电梯厅
给排水
设备间
下
上
电梯间、公共卫生间参照二层
电梯间参照二层

三层平面图

DHS

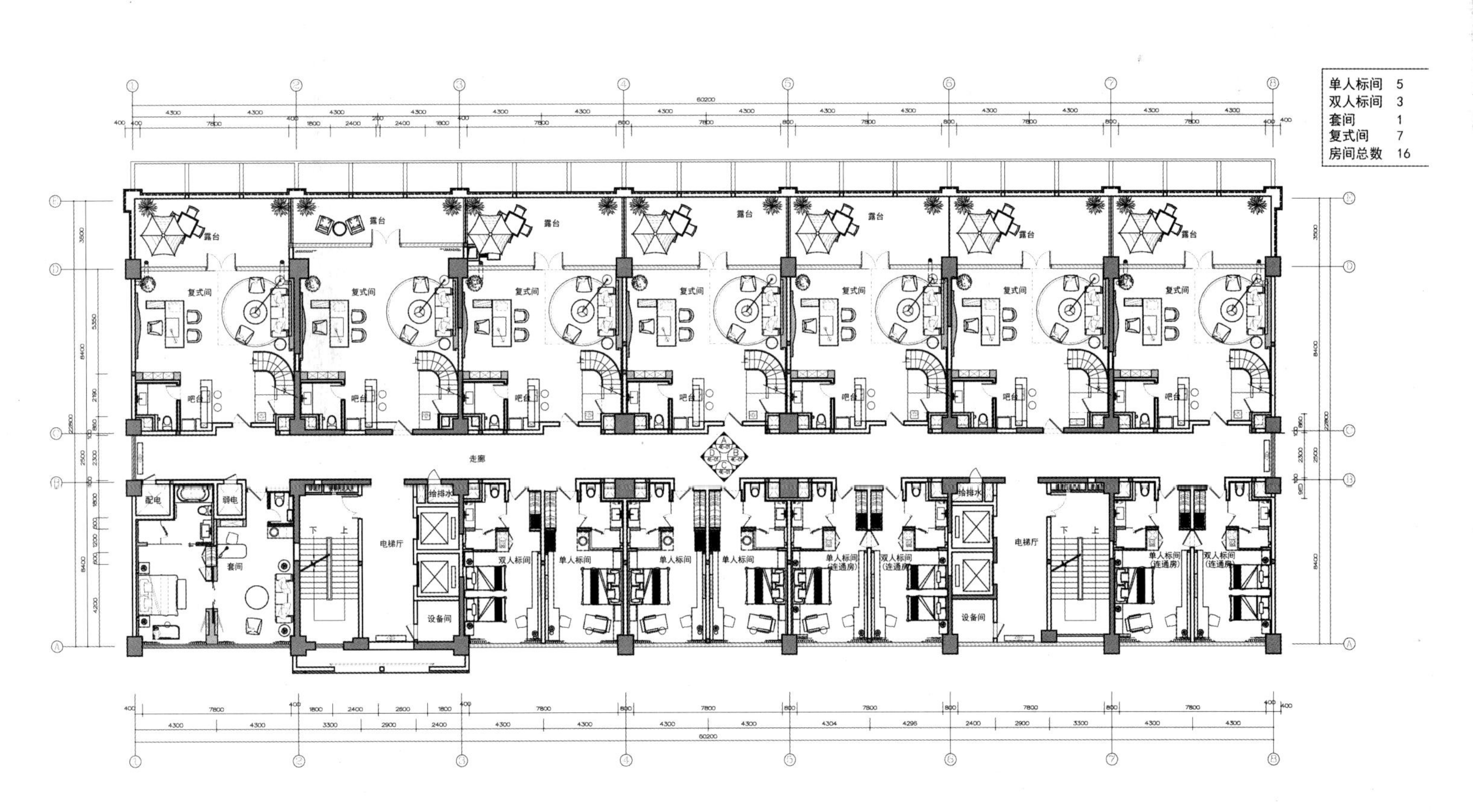
单人标间 5
双人标间 3
套间 1
复式间 7
房间总数 16
露台
复式间
吧台
走廊
配电
弱电
套间
下
上
电梯厅
给排水
设备间
双人标间
单人标间
(连通房)

四层平面图

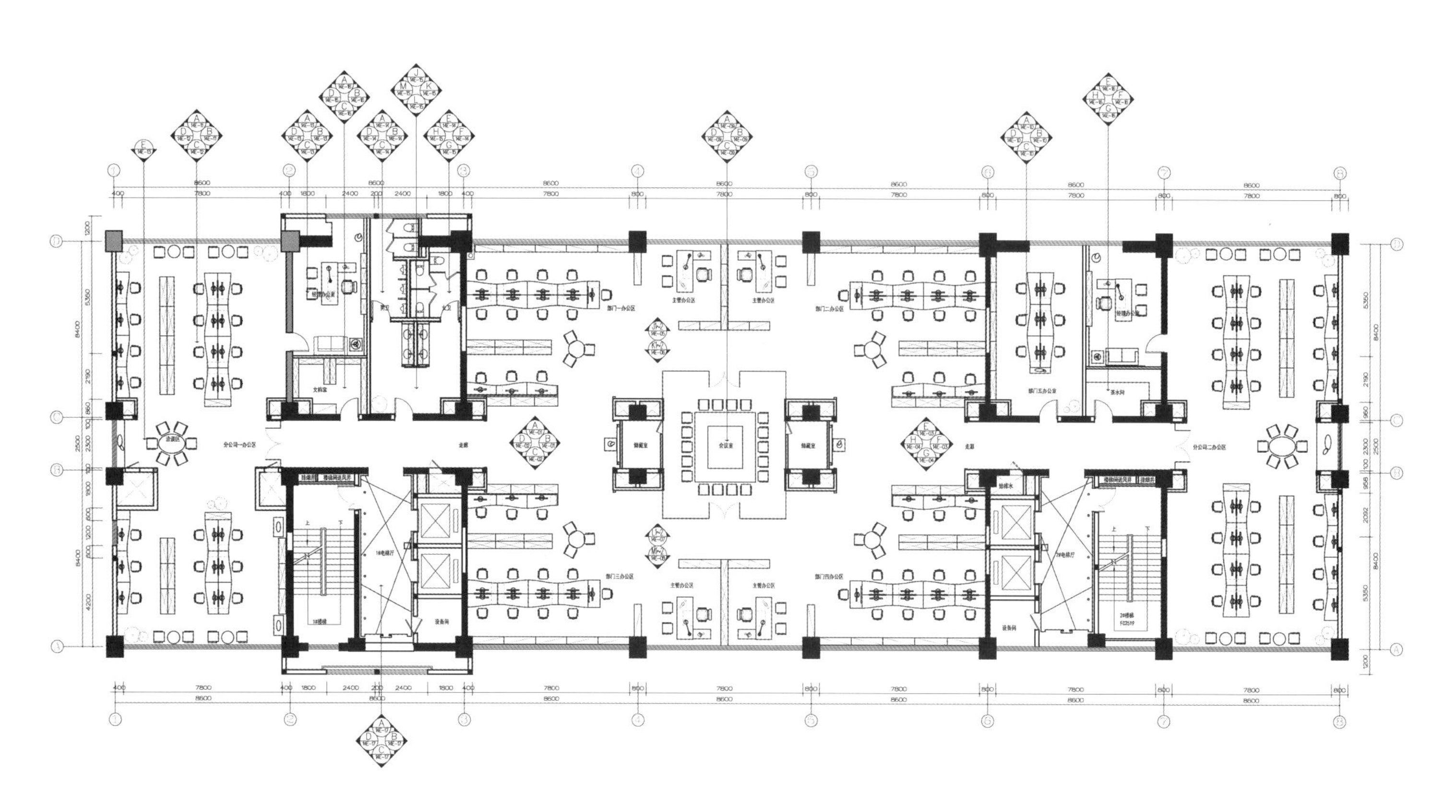

十四层平面图

造美合创
CREATE A BEAUTIFUL DHC

项目名称 _ 造美合创 / **主案设计** _ 黄桥 / **参与设计** _ 李建光，黄桥，郑卫锋 / **项目地点** _ 福建 福州市 / **项目面积** _500 平方米 / **投资金额** _100 万元 / **主要材料** _ 莱姆板、地毯、原木

A 项目定位 Design Proposition
注重当下人精神生活与现实的平衡，希望将生活感悟来诠释设计，并致力于结合当下时代气息传达“简单、清静、自在、无边”的美学意境。

B 环境风格 Creativity & Aesthetics
以简约自由的廓型线条、舒适随性的风格出现，而或淡雅或浓郁的色彩运用，则是造美室内设计希望回归人内心世界的真实表达。

C 空间布局 Space Planning
设计师主要把空间分三部分，前部：设计产品展示空间；中部：品茗空间；后部：设计产品研发空间。

D 设计选材 Materials & Cost Effectiveness
一切设计选材皆源于自然界。

E 使用效果 Fidelity to Client
传达了设计的生活美学。

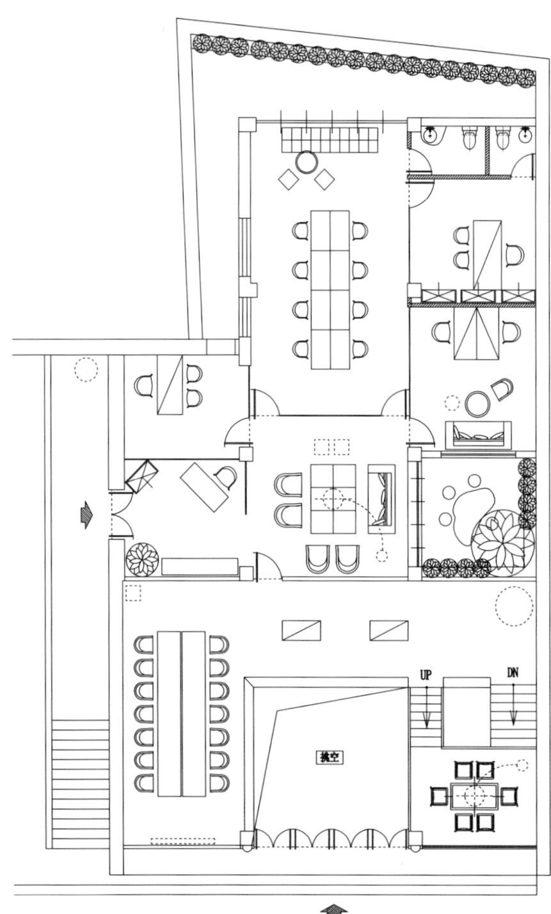

一层平面图

柏涛建筑公司办公室

PEDDLE THORP ARCHITECTS BEIJING OFFICE

项目名称_*柏涛建筑公司办公室* / **主案设计**_*罗劲* / **参与设计**_*胡继峰、于焕焕* / **项目地点**_*北京市* / **项目面积**_*1450平方米* / **投资金额**_*135万元* / **主要材料**_*地毯、木地板、集成材、白橡木材*

A 项目定位 Design Proposition

该项目为世界著名的澳大利亚PTW柏涛建筑设计有限公司在北京的分公司办公室。为了高质量完成这一专业的建筑设计公司自建项目，柏涛首先委托艾迪尔团队为其进行全阶段的前期设计服务，在完成设计文件并经过细致周密的施工招标比选后，柏涛最终确定艾迪尔为其进行设计施工一体化的完整营建服务。

B 环境风格 Creativity & Aesthetics

我们以前厅为起点，纵向打造了一条贯穿整个员工工作区域的“社区主街”，这里通过集合不同形式的展示区、阅读区、洽谈区等公共功能单元，集中营造了一条丰富变化的主轴线社交空间，使得每个设计组团均能方便使用公共资源，分享设计创意灵感，从而有效地进行团队交流与合作。社区主街的尽端为一排通高书架和一组洽谈沙发座，抽象构成组合的搁架与主街区造型轻灵的台面呼应起来，共同构成开放式办公环境的设计灵性，并体现出企业所追求的艺术品味。

C 空间布局 Space Planning

该场地位于融科资讯C座5层办公区的西半部，尽管空间十分完整，但连接电梯厅与办公室还有一段公共的走道，来访者在进入办公室的这段过程中视线会集中在正前方，而两侧相对较为封闭。设计将前厅的一部分与走道相邻的隔墙改为透明玻璃隔断，从而尽早的开放视觉感受；前厅通过借景的手法将大会议室及开放式茶水休闲洽谈区融合起来，共同形成南北通透开敞豁亮的接待展示前区，使来访者充分感受到先抑后扬的空间氛围；接待厅宽阔悬挑的大台面、精致细密的格栅背景与活跃舒展的高架式洽谈茶水区域以及设置大型旋转门的视频会议区域连为一体，使整体前区接待环境演绎出专业建筑设计企业的高雅品位和国际化实力派团队的发展气势。

D 设计选材 Materials & Cost Effectiveness

项目使用大量木材和玻璃材质，使得整个空间通透、大气，明亮自然。

E 使用效果 Fidelity to Client

柏涛公司随着这些年业务的不断扩展，希望借助此次办公室的搬迁扩大，进一步改善员工工作环境并激发员工的企业归属感。投入使用后利于交流及激发灵感的办公空间得到了员工的好评。

PEDDLE THORP ARCHITECTS

PEDDLE

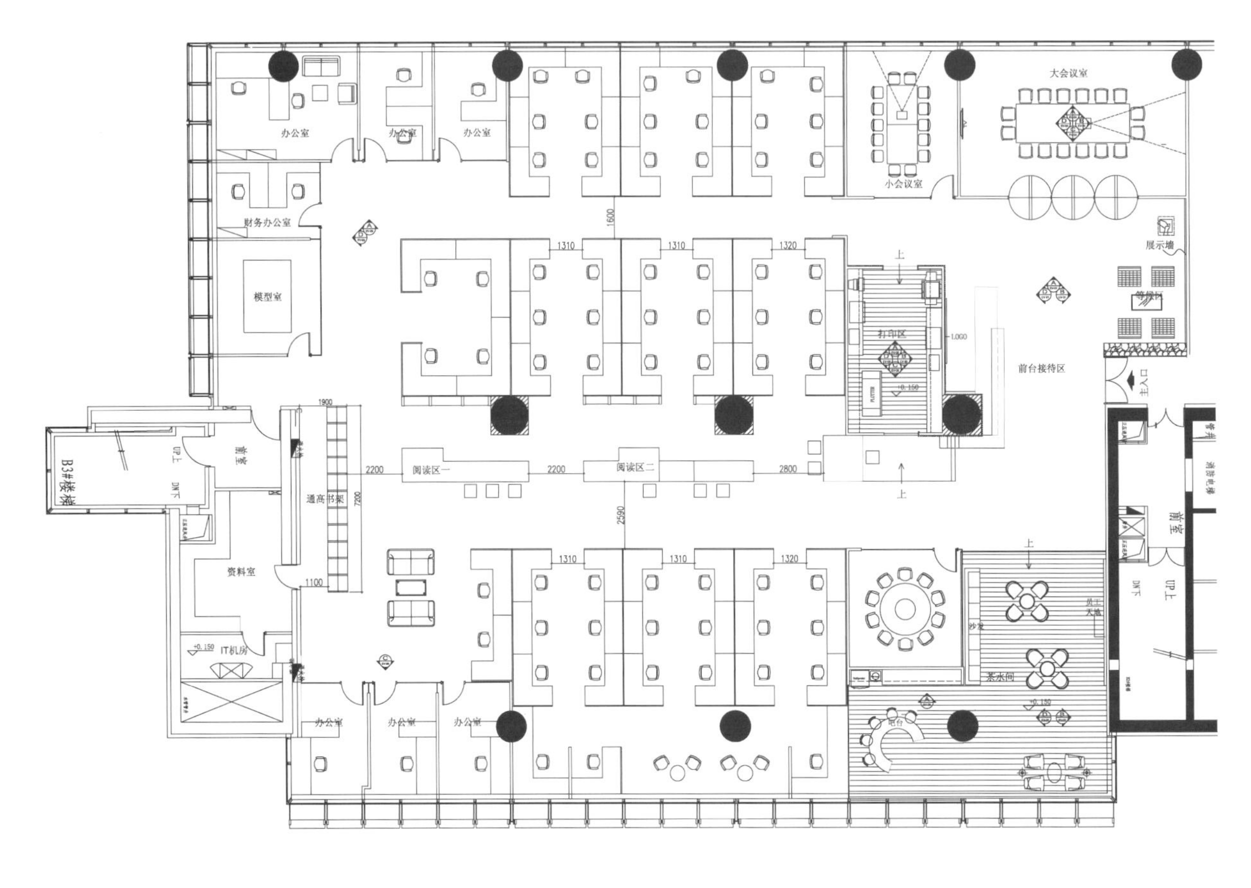
办公室
办公室
办公室
财务办公室
模型室
B3#楼梯
UP上
DN下
前室
通高书架
资料室
IT机房
+0.150
1900
2200
7200
1100
1600
1310
1320
2590
2800
阅读区一
阅读区二
小会议室
大会议室
展示墙
等候区
打印区
LOGO
PLOTTER
前台接待区
主入口
上
前室
消防电梯
沙发
员工天地
茶水间
吧台
DN下
UP上
一层平面图

"回"——矩阵空间

"BACK" - MATRIX SPACE

项目名称 _ *"回" -- 矩阵空间* / **参与设计** _ *郑杨辉* / **项目地点** _ *福建省江西市* / **项目面积** _ *4000 平方米* / **投资金额** _ *300 万元*

A 项目定位 Design Proposition

在矩阵空间里，中国园林景观的移步换景是空间的设计主要手法，将售楼流程的空间及情景样板空间融在一起，创造空间的迂回感和视觉穿透的最大化．有限建筑空间的无限视觉盛宴。

B 环境风格 Creativity & Aesthetics

整体空间运用现代表现手法和迂回的空间形式，营造开阔的视觉感受和空间的流动。在不同的情景办公室中采用不同主题的元素打造了相对统一又相互独立的特色主题空间。

C 空间布局 Space Planning

本空间设计按照项目柱网结构合理设计，让参观的客户实地感受办公面积空间感，同时在视觉上做到按照项目出售面积组合感受，结合多种组合形式来为客户展示实际使用空间的 N 种组合，并考虑了个性的办公空间。

D 设计选材 Materials & Cost Effectiveness

空间运用大量的留白来融合不同区域的色彩碰撞，是的空间中的色彩即统一有各具特点。办公区的木质地板不仅划分了区域的不同也更加给人以亲切的办公感受，提升了空间的归属感。

E 使用效果 Fidelity to Client

本案的设计相较与传统的办公空间更加考虑人在空间中活动时的感受。本案的空间设计开阔富有流动性，色彩上温馨且拥有活力，使人在办公时不仅轻松也更有动力。在整体统一的大前提下也包容着不同个性的办公空。

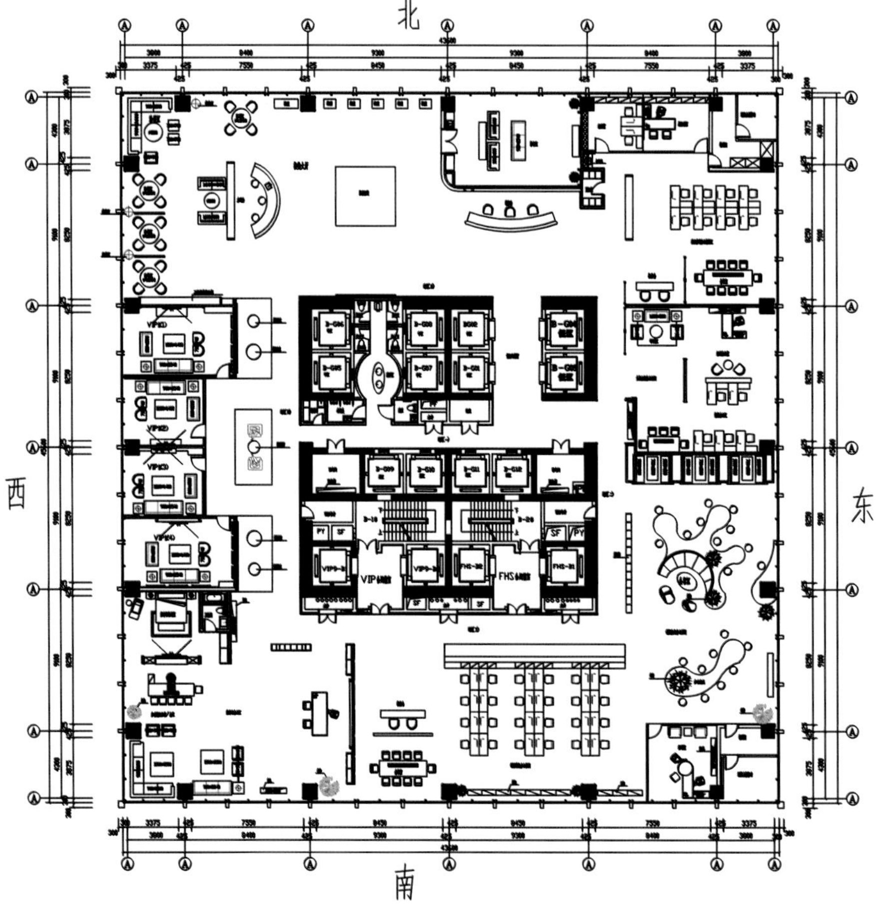

一层平面图

恒丰贸易有限公司
NINGBO HENGFENG TRADE CO., LTD.

项目名称 _ *宁波恒丰贸易有限公司* / **主案设计** _ *林卫平* / **项目地点** _ *浙江省宁波市* / **项目面积** _ *500 平方米* / **投资金额** _ *50 万元* / **主要材料** _ *竹、石材、烤漆板*

A 项目定位 Design Proposition

室内是建筑的延续，而光，则是点亮建筑气质的物质，对于室内设计来说，光，是最好的氛围营造者。

B 环境风格 Creativity & Aesthetics

围绕空间与光影、材质和氛围展开。

C 空间布局 Space Planning

空间其实是由带东方味道的公共区域和极富现代感的办公区间构成，二者协同融合的纽带便是无处不在的光。

D 设计选材 Materials & Cost Effectiveness

设计选择纯粹而质朴的材质，用近乎极简的手法，以建筑的视角解读空间的构成和气氛营造。

E 使用效果 Fidelity to Client

业主对我们在设计的时候，内部空间运用石材、纯白色曲线木饰，以及户外空间上利用青石与竹子竹子的节节高升和砖块的层层叠叠，原生态而自然的线与块，同时结合当代的块面亮面石材地面会产生倒影，块线的倒影、新旧的对比相对认同！

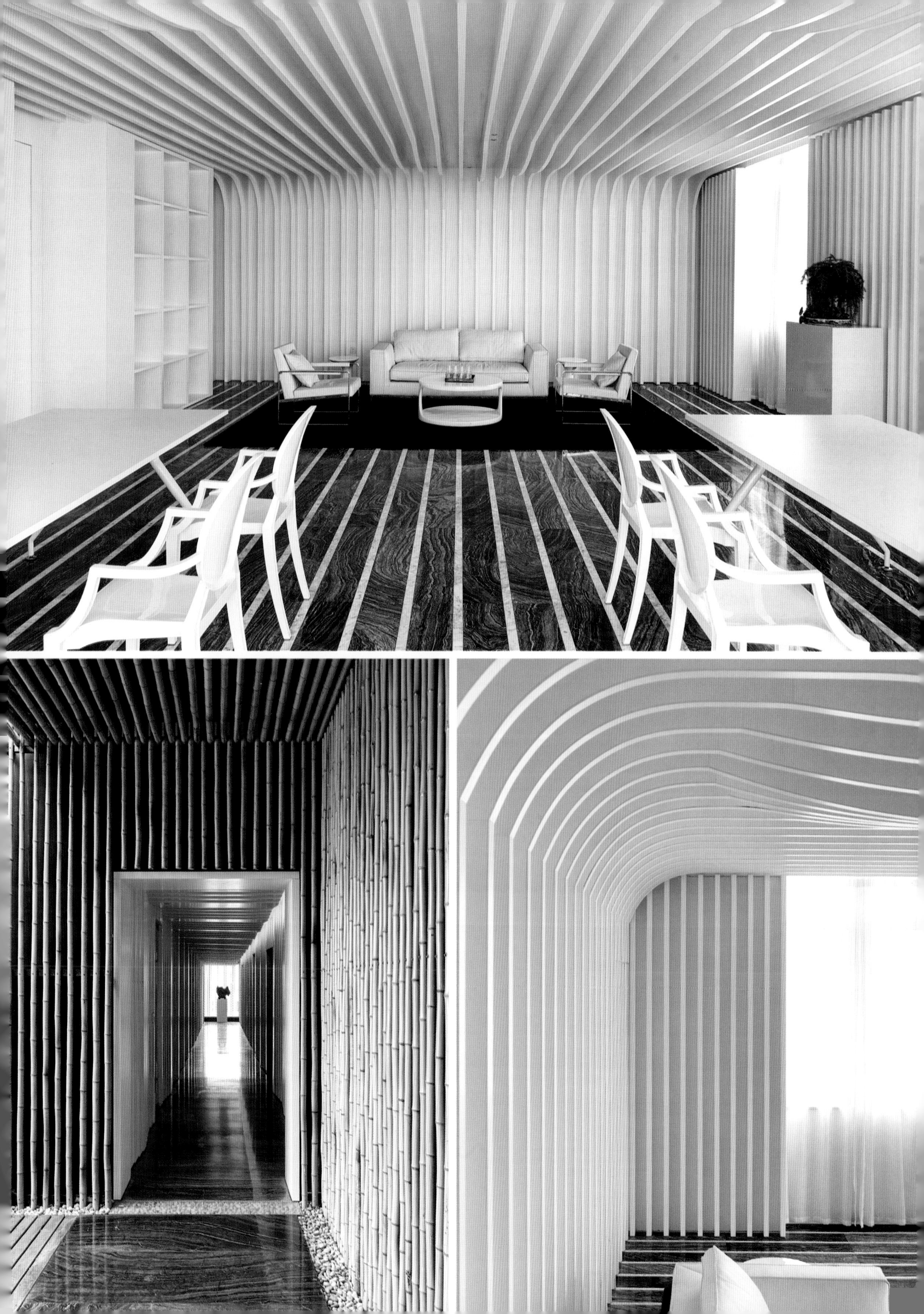

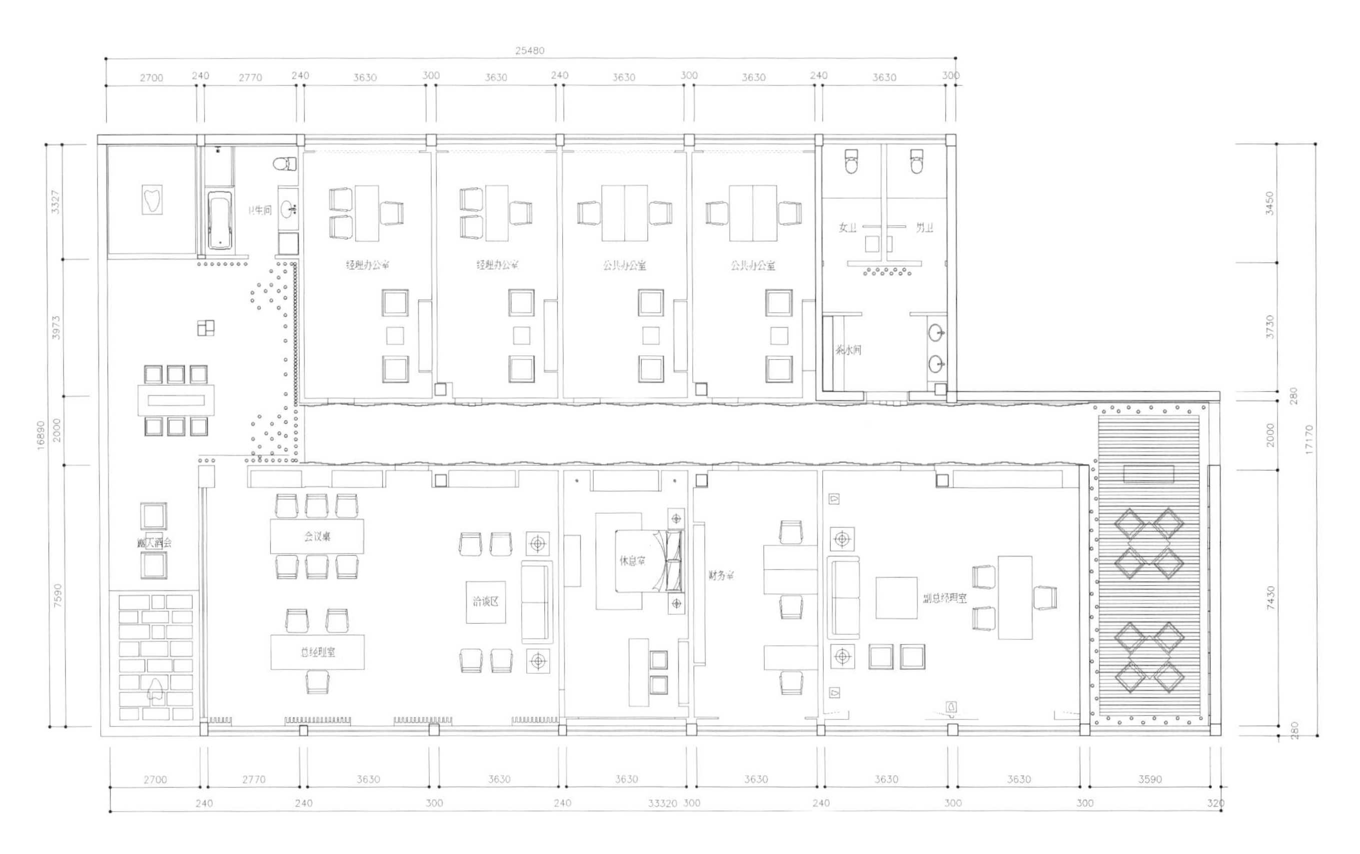
25480
2700
240
2770
240
3630
300
3630
240
3630
300
3630
240
3630
300
卫生间
经理办公室
经理办公室
公共办公室
公共办公室
女卫
男卫
茶水间
会议桌
洽谈区
总经理室
休息室
财务室
副总经理室
3327
3973
2000
7590
16890
3450
3730
280
2000
7430
280
17170
2700
2770
3630
3630
3630
3630
3630
3630
3590
240
240
300
240
33320
300
240
300
300
320

一层平面图

筑 CHU-STUDIO

项目名称 _ 筑 / **主案设计** _ 邵唯晏 / **参与设计** _ 邵方璵、林予帏 / **项目地点** _ 台湾台北 / **项目面积** _100 平方米 / **投资金额** _100 万元 / **主要材料** _KD 梧桐木钢刷、富美家、美国 DuPont(杜邦)CORIAN

A 项目定位 Design Proposition

本案为设计研究室位于台北的总部，会定位为”设计研究室“而非”设计公司“，其精神是表达对于空间探索的企图与渴望，从议题的探讨、材料的研发及对于数位工法的创新。我们除了致力于创造好的空间质量外，更期望保有最初建筑人对于构筑及材料的坚持，体现建筑本质的美感与力量。

B 环境风格 Creativity & Aesthetics

因基地本身空间不大，为了让空间有效使用，整个空间以最少的隔间连结了空间的流动性，同时透过反射性材料的运用强化了空间放大的效果，也将绿、光、影连结至室内，创造”第二自然“的感受。前后立面的大面开窗，大量将天光引入室内，白天几乎不需要开灯；她象是一幅具极生命力不断更迭的画作，将天气的情绪连结至室内空间，让设计师们随着时间与天气的转换与渲染，有了身心灵上的连结与对话，放松解压一整天设计工作上的烦忧。

C 空间布局 Space Planning

为了让空间有效使用，整个空间以最少的隔间连结及弹性隔间的设计，促使空间流动，让整体空间的格局拥有最多的可能性及弹性。再者，可弹性使用的多层界面，有效将空间流动、声音穿越与视线交集做不同层次的搭配，藉此回应使用者对于空间非线性使用的需求。

D 设计选材 Materials & Cost Effectiveness

我们相当注重材料的细节及组合搭接，在卸除掉浮夸的表象材料后，期望回归到对于建筑最初的信仰，大量使用质朴的材料来表达及相信对于材料自明性的感触。所有的细部构造及多元机能都基于缜密的构思与量身定制，透过混凝土、黑铁、原木等材料，以精细的工业计算和理性简单的线条来诠释人文的生活态度。透过结合建筑与工艺，构筑纯粹简单的空间，藉此展现对于建筑的热爱。

E 使用效果 Fidelity to Client

本案完成后受到业主的喜爱。

FLAGSHIP STORES

柏壹装饰设计公司办公室
OFFICE DESIGN OF PRO-E INTERIOR DESIGN LTD.

项目名称 _广州柏壹装饰设计有限公司办公室 / **主案设计** _梁永帮 / **参与设计** _C.K 杨晓迪 江波 / **项目地点** _广东省广州市 / **项目面积** _200 平方米 / **投资金额** _35 万元 / **主要材料** _ICI

A 项目定位 Design Proposition
此项目坐落于广州市海珠区东方红艺术公社，整个空间中有效的表达了对空间性的诠释和轻松的办公氛围营造。

B 环境风格 Creativity & Aesthetics
现代白色简约的基调当中，高纯度的暖黄色作为跳跃，展现办公空间的活力与轻松感。

C 空间布局 Space Planning
空间布局上通过暖黄色油漆楼梯的连接，主要办公区集中在 1F，2F 为总监办公室。1F 由前台接待、会议室、办公区三大空间组成。

D 设计选材 Materials & Cost Effectiveness
手工丝印标识工艺的运用，可看出设计在细节把控上的匠心独运，以及设计师参与的大幅线稿手绘墙主题。

E 使用效果 Fidelity to Client
运营后在视觉上营造出开阔的视野，敞亮的光线。在整个办公空间中营造出轻松而具有活力的一个办公空间。

PRO
GRZEGORZ W.
KOŁODKO
WĘDRUJĄCY
ŚWIAT
3
4

SPACE
DESIGN CREATIVE
A
B
C
D
F
G
H
I
K
L
M
N
P
Q
R
S

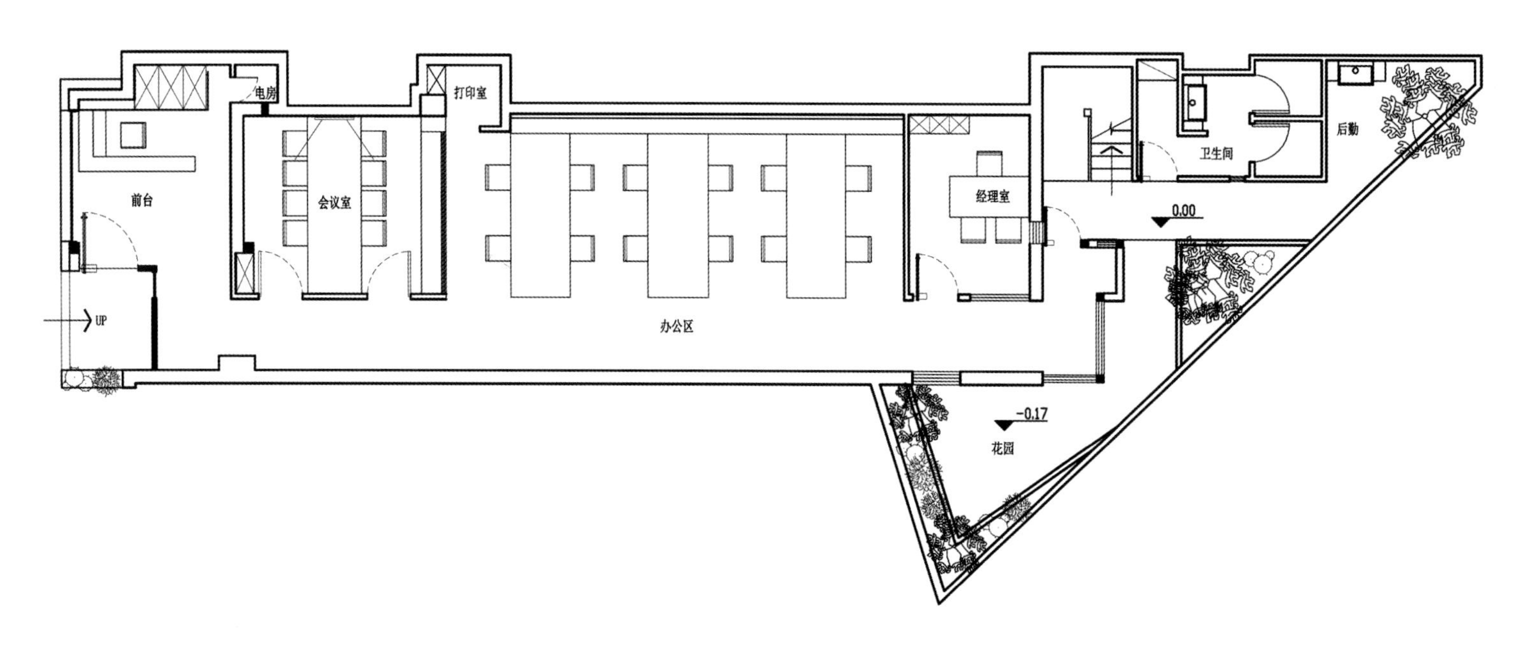
电房
打印室
后勤
卫生间
前台
会议室
经理室
0.00
UP
办公区
-0.17
花园

一层平面图

SPACE
A
B
2
BARBERA BAREY

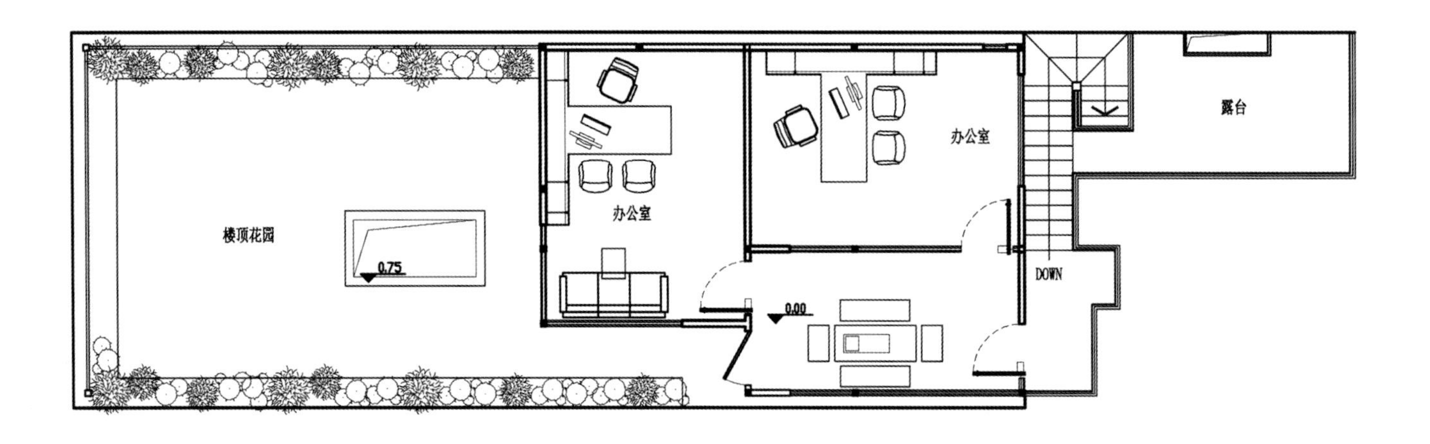

一层平面图

21
20
19
18
17
16
15
14
13
12
11

广州柏壹装饰设计有限公司
PRO-E

天坤集团总部办公室

HEAD OFFICE TKGC

项目名称 _ 天坤集团总部办公室 / **主案设计** _ 李万鸿 / **参与设计** _ 刘宝磊、刘元 / **项目地点** _ 四川省成都市 / **项目面积** _668 平方米 / **投资金额** _240 万元 / **主要材料** _ 深浮雕水曲柳面板、木纹铝合金、白色高亮洁抛光砖、硅藻泥、实木地板、铜条、拉丝不锈钢、12MM 钢化玻璃

A 项目定位 Design Proposition

生命力：设计要充分体现对个体生命的关怀，包括让每一位员工感受到自由、民主、尊重和独立性，员工的凝聚力是企业的生命力。

B 环境风格 Creativity & Aesthetics

可持续性：可持续性是在满足现行功能的基础上力求对未来的谋划，原因有：（1）行业领导层的年轻化和高学历趋势；（2）天坤未来接班人（包括未来领导人和员工）的兴趣培养。优秀的设计要能引起更年轻一代人对这个行业的自信心和自豪感。

C 空间布局 Space Planning

张力：改变传统行业的单一化和表面性，打破千篇一律的写字楼办公风格的瓶颈和突破天坤现有的行业属性，从建筑的内在设计风格追求年轻化、现代性和更多可能性，满足新世界的新诉求，从设计的外在活力展现企业的内在张力。

D 设计选材 Materials & Cost Effectiveness

木纹铝合金在本案的运用是整个设计的一个核心，通过线性和多面化设计在横向和纵向上延伸了空间，铝型材的轻盈和标准化让设计得以呈现。

E 使用效果 Fidelity to Client

使用者的体验是对本案的最终诠释；打破千篇一律的格子办公布局，让人与人的交流更为贴近，设计并非设计师表达自己的方式，它透过设计师获得表情。而人与空间的和谐才是对设计作品最好的体现。

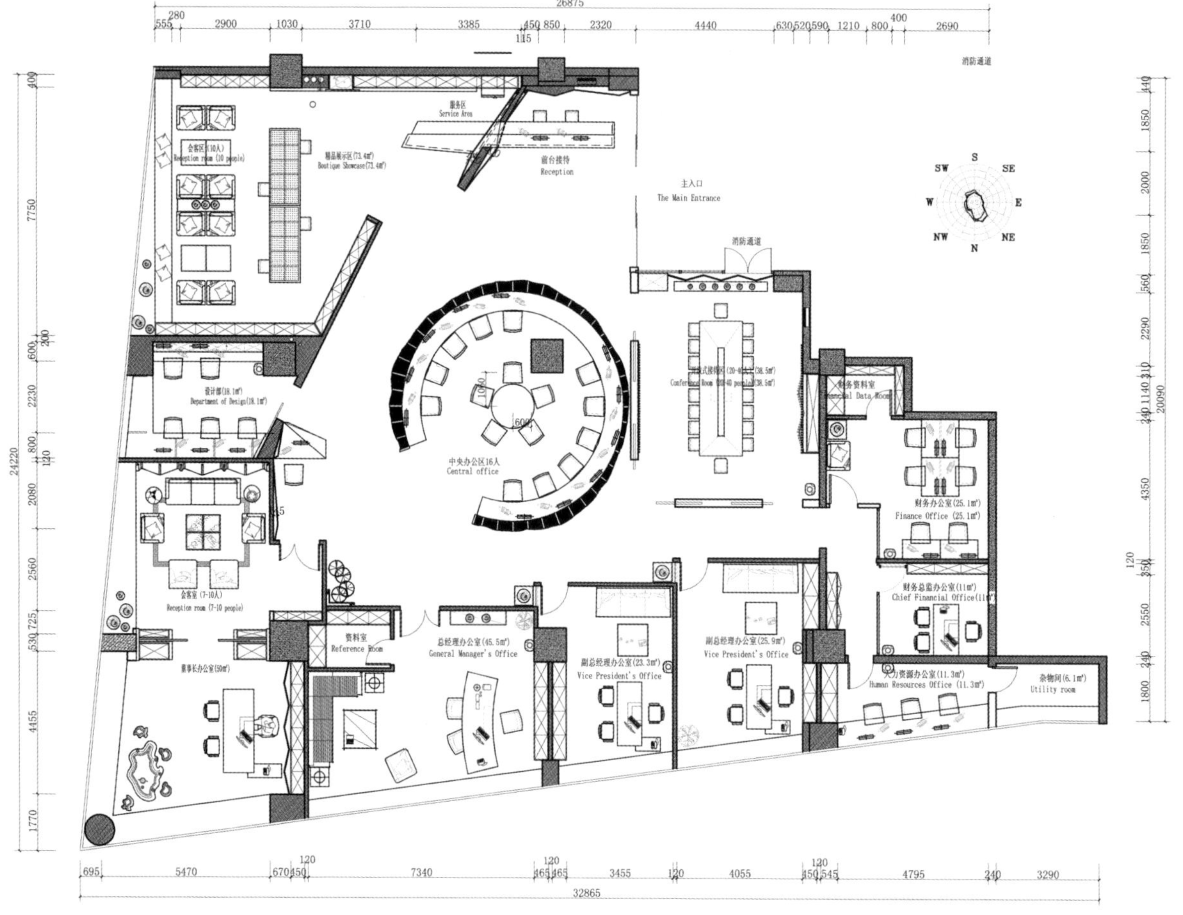

一层平面图

汇思曼皮具有限公司

HUISI MANN LEATHER CO. LTD.

项目名称 _ *成都汇思曼皮具有限公司* / **主案设计** _ *范锦铭* / **项目地点** _ *四川省成都市* / **项目面积** _ *285 平方米* / **投资金额** _ *120 万元*

A 项目定位 Design Proposition

倡导发展品牌时尚理念，明确自我方向目标，建立品牌在行业的区别性。

B 环境风格 Creativity & Aesthetics

空间以白色亮面为主要基调，保留原有天花建筑结构，吊顶空间刻意加入阳光般亮面，地面置入海洋和草地地毯，彷如置身室外，抬头可见到阳光，脚下可感受到海水和草地，营造出自然轻松的办公环境。

C 空间布局 Space Planning

空间运用串连方式组合，以形象墙为交通动线中心，有效的分布各个功能，减少过道面积，将其融入各个空间。

D 设计选材 Materials & Cost Effectiveness

Interface 海洋系列和草地系列地毯 。

E 使用效果 Fidelity to Client

客户对此项目效果表示满意，在客户的行业内有更好的区别性，大大增加了关注度。

男人风尚

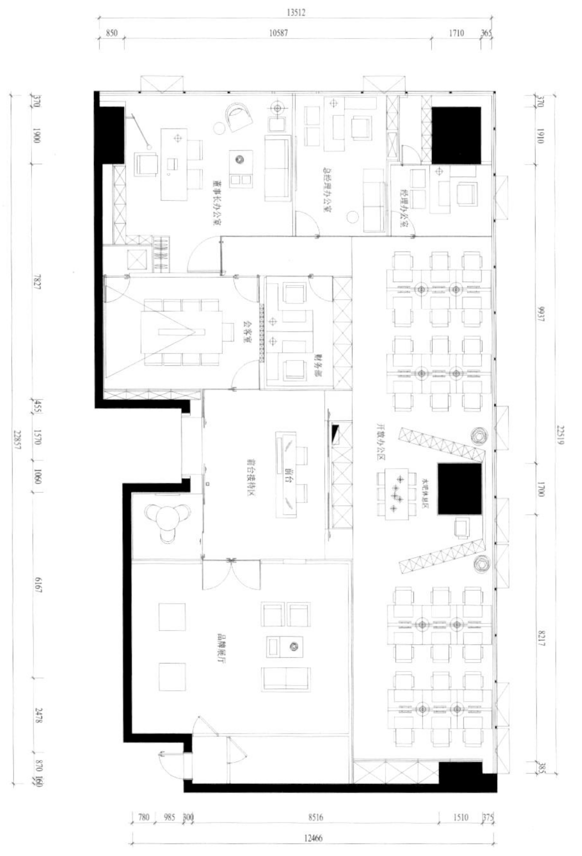

一层平面图

企业使命
搭建事业平台
成就更多人的
老板梦
企业精神
企业价值观
服务理念
客户第一

经营理念
诚信 创新
系统 合作
企业精神
学习改变命运
大爱成就事业
服务理念
企业公告NOTIC

凯风人文社会科学图书馆

KE QINGHUA CENTER

项目名称 _凯风公益基金会研究中心内装项目北京清华大学—凯风人文社会科学图书馆四层及屋顶平台 / **主案设计** _王宏 / **参与设计** _孙宁 / **项目地点** _北京市 / **项目面积** _838 平方米 / **投资金额** _251 万元 / **主要材料** _伯恩非洲黄花梨地板、Interface 地毯、保利尔特腐蚀玻璃、席、3M 仿宣纸贴膜、百鸣古典家具、神达木业古典家具、Poltrona Frau 家具、 DORMA 移动隔墙等

A 项目定位 Design Proposition

作为清华大学新图书馆的捐赠方，凯风基金会的办公室的设计策划定位着重考虑的是客户本身致力于文化传承的使命、理念及内涵。在世界著名建筑设计大师——马里奥·博塔设计的图书馆里，打造富有中国传统文化底蕴，并与现代办公空间进行对话的室内空间，通过潜移默化的环境暗示，体现出客户对文化传承的关注、对东西方文化、传统与现代文化的思考。

B 环境风格 Creativity & Aesthetics

本项目位于清华大学校园内，在环境风格上着重考虑了与知名高等学府的文化氛围、与大师建筑风格的契合度。厚德载物、文化传承、灵动内敛是环境风格上的重要表达。可以想象使用者是以修身、治学的态度去实现自身价值及使命的。

C 空间布局 Space Planning

本项目在空间布局上的设计着重考虑空间序列的安排，从大气、内敛的接待空间，通过会议会客空间的转乘进入主要的办公空间，在开敞办公空间中利用屏风、玻璃隔间、半包围半通透的功能空间形成中轴线上的空间序列，结构柱包圆后也形成了廊柱的空间序列关系，整个空间中有对景、借景、框景等空间处理手法，配以艺术品陈设、绿植花艺，仿佛是中国传统治园与现代空间的对话，在立体空间的任意法线中均有轴线可循，均有精心的设计安排。

D 设计选材 Materials & Cost Effectiveness

本项目的设计选材上，不仅要考虑材质的品质及环保特性，更重要的是考虑材料所能体现的文化底蕴。我们挖掘了席、黄花梨、金砖地面的材料及现代工艺做法。运用腐蚀艺术玻璃、3M 真丝效果胶片制作夹胶玻璃体现窗棂中的通透。花格扇中“一根藤”纹样寓意一脉相承、连绵不断。中式古典家具的起线细节简化了传统元素的应用，与西方高品质经典家具的搭配形成了有趣的共生关系。

E 使用效果 Fidelity to Client

本项目完工后，客户成功举办过多次研讨、交流活动，整体空间氛围给来访者留下了深刻的印象，客户也将此空间作为文化、艺术、乃至人文思想的载体呈现给大家，得到了社会各界知名人士的称赞。

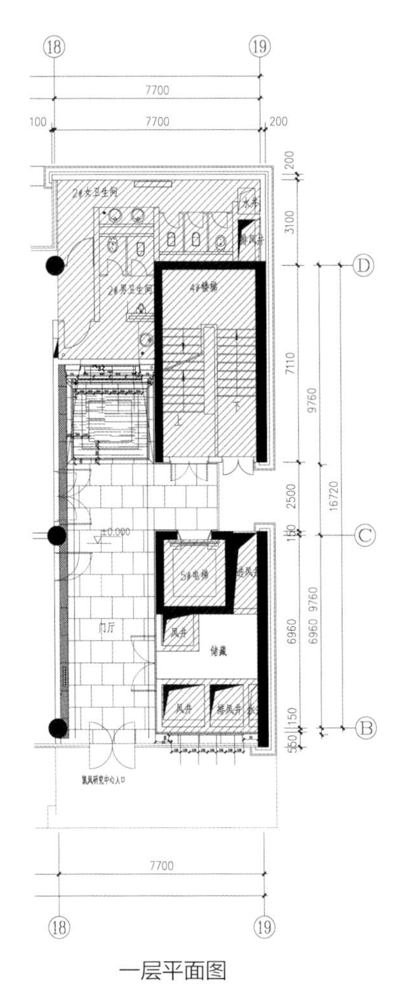

18
19
7700
100
7700
200
200
3100
7110
9760
16720
2500
150
6960
9760
150
D
C
B
±0.000
7700

一层平面图

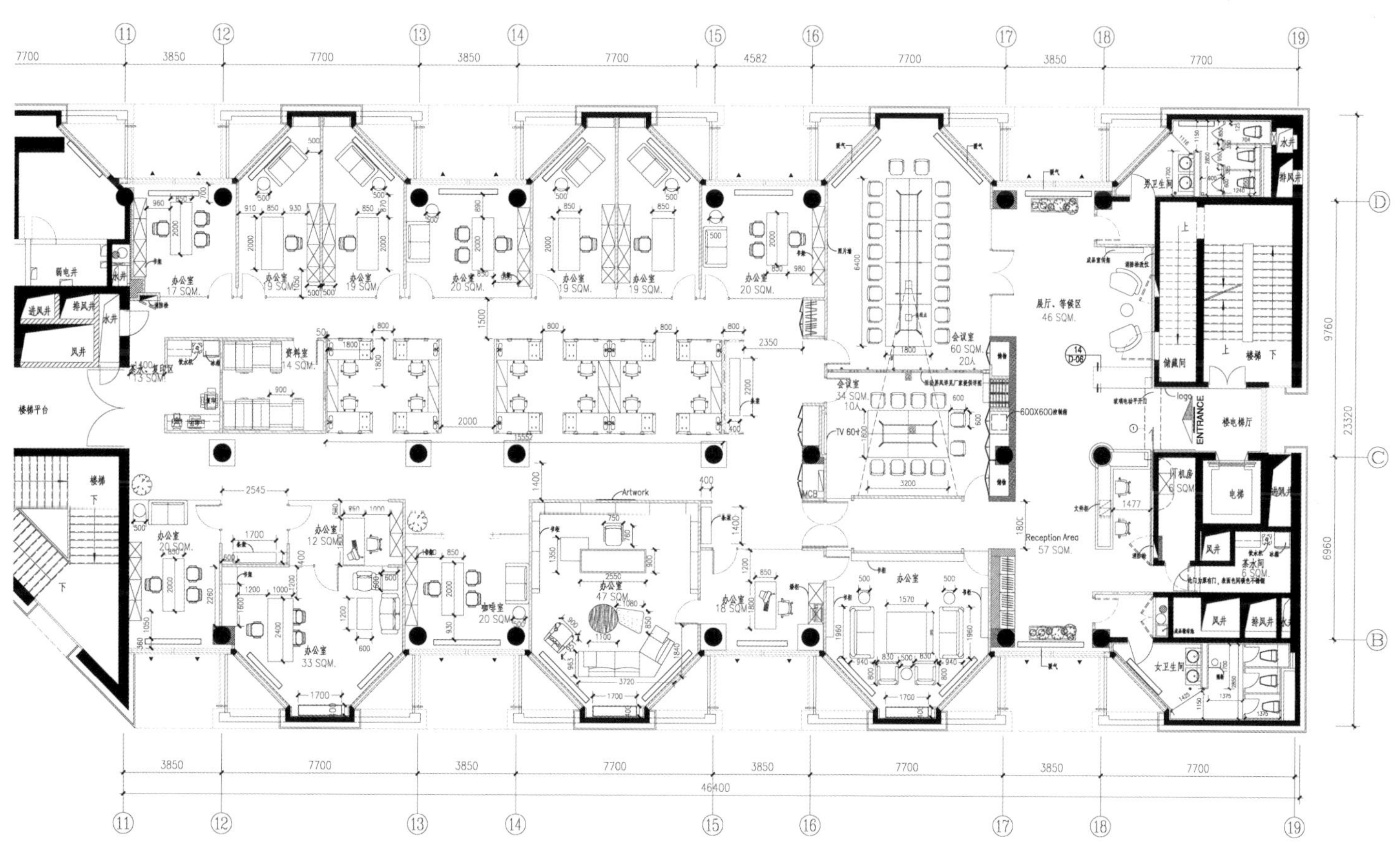

11
12
13
14
15
16
17
18
19
7700
3850
4582
46400
ENTRANCE
Reception Area
57 SQM.
展厅、等候区
46 SQM.
会议室
60 SQM.
20人
办公室
33 SQM.
47 SQM.
楼梯平台
楼电梯厅
男卫生间
女卫生间
电梯
风井
600X600地砖铺贴

四层平面图

融汇民俗的新东方气韵

AN ORIENTAL SPACE WITH FOLK CULTURE

项目名称 _融汇民俗的新东方气韵 / **主案设计** _施传峰 / **参与设计** _许娜 / **项目地点** _福建省福州市 / **项目面积** _336平方米 / **投资金额** _40万元（硬装）、30万元（软装） / **主要材料** _GLLO卫浴、威登堡陶瓷、纳百利石塑地板、YOUFENG灯具、欧力德感应门、TCL开关、好家居软膜、樱花五金、精艺玻璃

A 项目定位 Design Proposition

空间选取用汇聚东方灵气和西方技巧的新东方主义风格为空间的整体格调，并融入屏南当地的风情文化，相互间的融合搭配创造出独特的空间氛围。

B 环境风格 Creativity & Aesthetics

使用自然材料，如石料，木料等，力求更加贴近自然环境，以创造质朴、简约的氛围。

C 空间布局 Space Planning

利用回廊、屏风、照壁等多种设计手法分割空间，使空间有循序渐进之感，空间以中轴为线分割为左右两个区域，中线用屏风装饰，后部为回廊。并达到多层次空间的视觉效果，下沉式的茶座给人环绕的安全感。

D 设计选材 Materials & Cost Effectiveness

地面以青砖铺设，用瓷砖代替地毯，墙面用PVC管整齐排列而成。背后辅以软膜，将灯管藏匿其后，让光线透过软膜散发，形成光影效果。

E 使用效果 Fidelity to Client

色彩简约纯净，视觉比例恰到好处，空间的动线流畅且层次丰富，写意般的空间氛围让置身其中的人们由心感到放松。

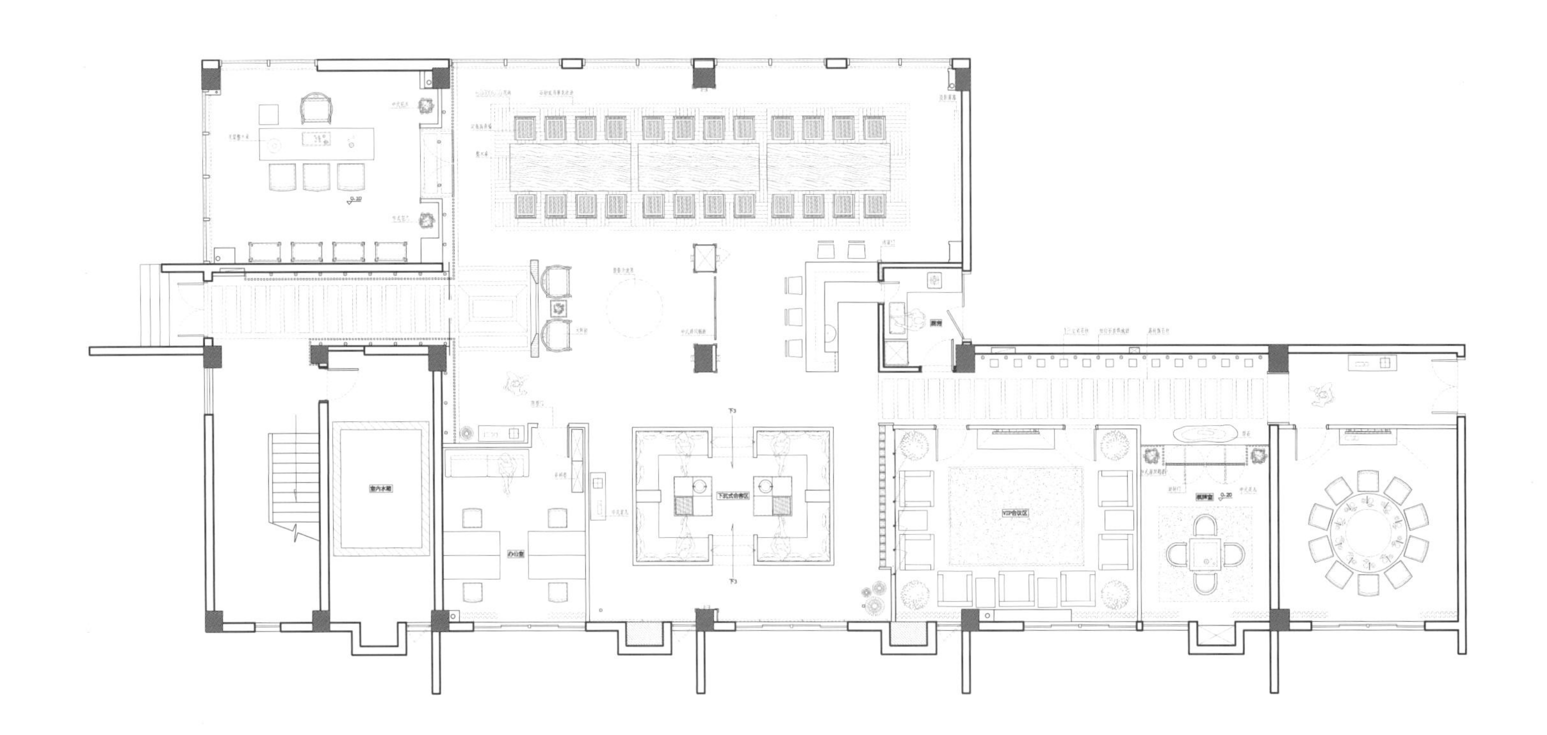

一层平面图

尘界浮影
LIGHT SHADOW

项目名称 _ *尘界浮影* / **主案设计** _ *郑展鸿* / **参与设计** _ *刘小文* / **项目地点** _ *福建省漳州市* / **项目面积** _ *165 平方米* / **投资金额** _ *60 万元* / **主要材料** _ *水泥找平、白石子、雷的灯光*

A 项目定位 Design Proposition
最原始的表达，更生态的结合人文。

B 环境风格 Creativity & Aesthetics
本案例一入门映入眼帘的就是一幅用特制灯光打在竹影中若隐若现的菩萨坐影。似乎在低述此空间超脱世俗的意境，紧接着用竹子，水泥墙，白石子，枯山石，使整个空间的韵味气息贯穿的淋漓透砌，设计师用朴实的灯光竹影折射手法把空间的清、奇、雅、朴、禅全部展现的恰到好处，意使人能从焦燥的生活状态中走出，在喧闹忙碌的工作世界里同时也能体悟到内心的生命本源！

C 空间布局 Space Planning
四四方方的空间表达方式。

D 设计选材 Materials & Cost Effectiveness
水泥墙和枯山石白砂子的运用让整个空间更有意境。

E 使用效果 Fidelity to Client
业主非常喜欢。

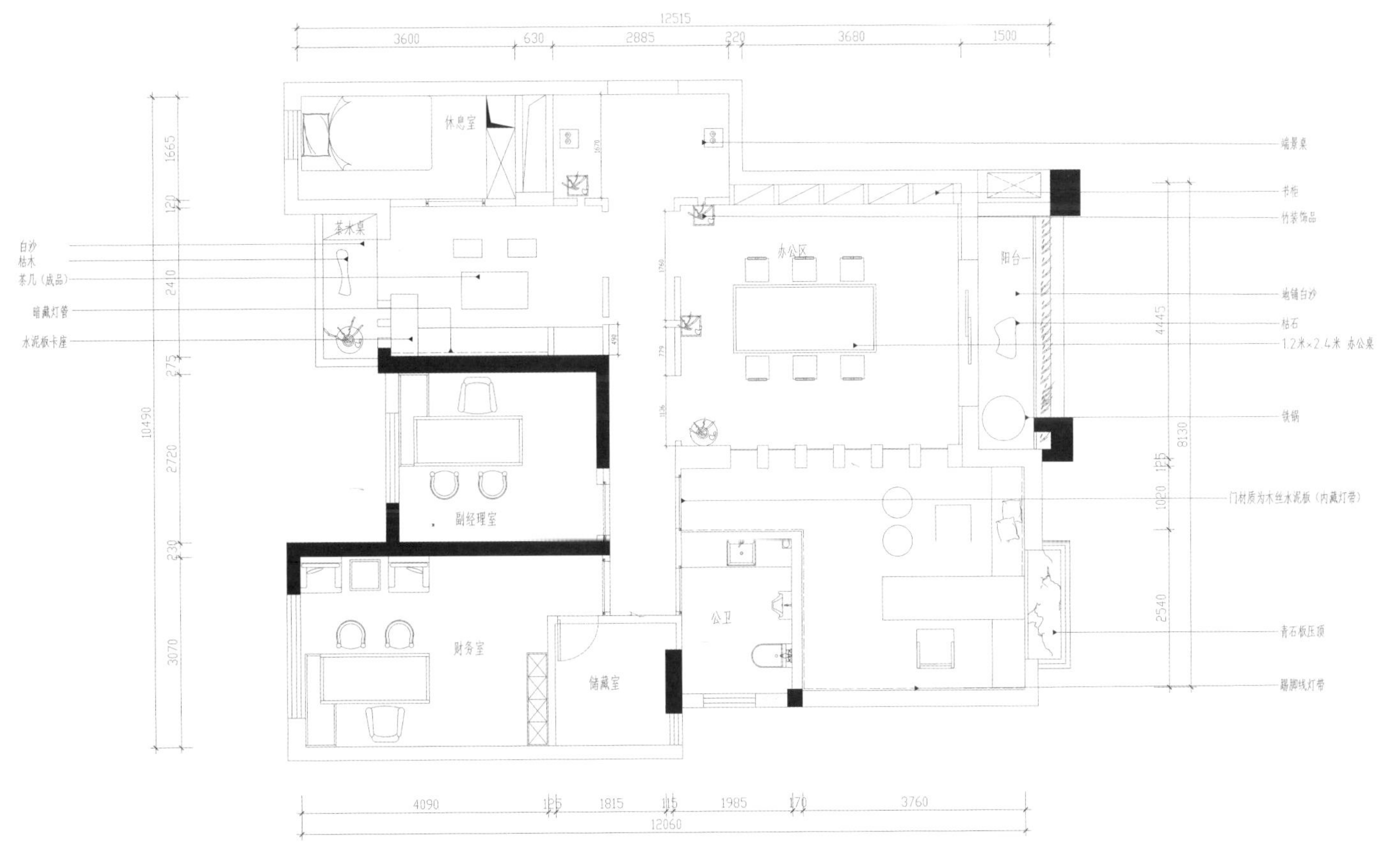

12515
3600
630
2885
320
3680
1500
休息室
茶水桌
办公区
阳台
副经理室
财务室
储藏室
公卫
白沙
枯木
茶几（成品）
暗藏灯管
水泥板卡座
端景桌
书柜
竹景饰品
地铺白沙
枯石
1.2米×2.4米 办公桌
铁锅
门材质为木丝水泥板（内藏灯带）
青石板压顶
踢脚线灯带
1665
10490
2720
3070
4445
8130
2540
4090
1815
1985
3760
12060

一层平面图

永信集团总部

NINGBO YONGXIN GROUP HEADQUARTERS

项目名称 _光影 - 宁波永信集团总部 / **主案设计** _查波 / **参与设计** _冯陈、陈波 / **项目地点** _浙江省宁波市 / **项目面积** _8000 平方米 / **投资金额** _500 万元 / **主要材料** _青砖、青石板、老瓦片、工字钢、老船木

A 项目定位 Design Proposition

本设计重新将本土的中国情节和元素放到设计的起点，希望用可控的造价和廉价的材料为使用者和来访者营造独特的空间感受，本设计在建筑和室内的活动中能感受到扑面而来的中国精神和气质，设计师回归设计的本源，重点强调的建筑的空间、空气、阳光和植物的关系。倡导一种健康、低造价、环保与重文化的可持续型办公设计装修理念。

B 环境风格 Creativity & Aesthetics

设计中采用了大面积的落地玻璃，将室内与室外紧密融合。建筑中，采用了室外植物在室内生长的设计手法，保持最大限度的利用好自然的采光，通风，使在室内最大化的接触自然界的清新与舒适。就如庭院地面复古的中式拼砖跟瓦片的铺设，加上访旧的船木桌凳，在植物的包围下，有一种工作之余的轻松感和亲切感。建筑采用大面积落地玻璃也是为了在工作室能更亲近自然，减少工作压力。从光影的起落之间借景，顺应时代的变化，将不同层次的丰富，凿刻于文明生活的吉光片羽里。于工作走到庭院外的框景，借由 " 光 " 的迁移，营造出多层涵构的介面观点来诠释 " 景 " 的丰富，放任想象，成为空间与人沟通的最佳方式。

C 空间布局 Space Planning

设计师力图传递办公空间里更耐人寻味的深度与气氛， 简约大方的院落式格局规划，使得建筑与景观栋栋相依院院相套，俨然一幅 “汩汩溪水挨户环流” 的江南小镇烟雨画，搭配中式简约家具与老物件以丰富空间的情绪，贯穿整个办公空间的手工木格栅增加空间的层次感延伸视觉感受，中国传统文化，融合现代办公总部的管理和工作理念，在空间的每个角落尽情舒展。

D 设计选材 Materials & Cost Effectiveness

块面的力道，用富于质感的材质，写意境的极简，内敛。本案以干净，简洁的空间逻辑，来呈现集团总部的文化修养和领导气势。不刻意凸显某个焦点，物件或者材料的存在，而是以更低调，更让人无法察觉的方式将 “青藤白墙黑瓦，石头镂花窗户，雕梁画栋门楼” 这些元素自然而然的融合与空间当中。

E 使用效果 Fidelity to Client

这样素颜的空间看似不抢眼，却做耐看，经得起最挑剔的标准检验。

永信
純樸恬淡
本質自然
外表謙和
内涵豐厚
爲人真實
行事有序
誠在心中
信則久遠

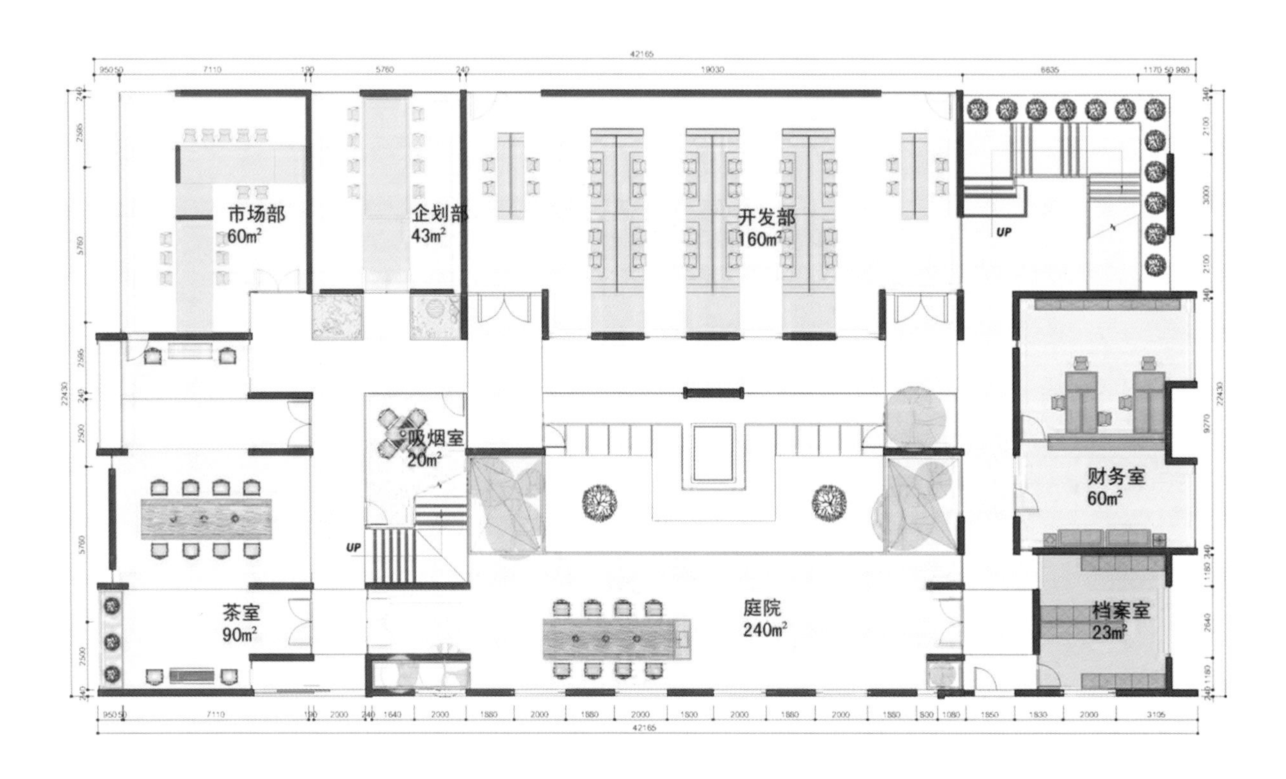

市场部
60m²
企划部
43m²
开发部
160m²
吸烟室
20m²
财务室
60m²
茶室
90m²
庭院
240m²
档案室
23m²
UP
UP

一层平面图

JSD 设计机构办公室
JSD DESIGN OFFICE

项目名称_*JSD 设计机构-办公室* /**主案设计**_*蒋立*/**参与设计**_*蒋立、叶嘉楹、吴永健*/**项目地点**_*广东省广州市*/**项目面积**_*800 平方米*/**投资金额**_*70 万元*/**主要材料**_*立邦漆、肯美高混凝土着色剂、APA 定向刨花板等*

A 项目定位 Design Proposition
这是一个极具个性的实用型办公室，针对设计公司运营的办公空间，各部门各专业既能有效的分开，也能有机的沟通，市场定位是一个综合性设计机构的办公空间。

B 环境风格 Creativity & Aesthetics
设计风格是近来流行的“工业感”设计空间，我们更注重空间的递进层次，将部分空间“混搭”具有多功能性！人与空间关系融合的比较到位，更在装饰上将“混搭”进行到底，突出设计机构的企业特点。

C 空间布局 Space Planning
这个空间设计取义“新龙门客栈”，原有空间高度 6 米，搭建二层是必然的，但如何搭？怎样使楼上楼下的沟通变得顺畅？让整体空间不觉得压抑？还要有个性？种种需求摆在设计师面前，设计师舍去中间二楼的空间却得到一个各个专业互通交流，各个高手聚集的设计师版“新龙门客栈”，围绕在中空位置的各个部门相互交流，也有一种室内“四合院”的效果！这样的空间做法在空气流通方面也起到了积极的作用。

D 设计选材 Materials & Cost Effectiveness
在设计材料上我们尽量使用比较便宜，但质感突出的材料。例如刨花板，原木，水泥，甚至直接在河里捞起的石头做装饰，在这些原始质感强烈的材料基础上摆放精致的，文化的，软装饰艺术品，使得整体空间更有层次更有内涵。

E 使用效果 Fidelity to Client
现在很多甲方客户和项目业主来到这个设计机构，直接就说我就要这种感觉的设计和空间！这是市场最直接的反应。

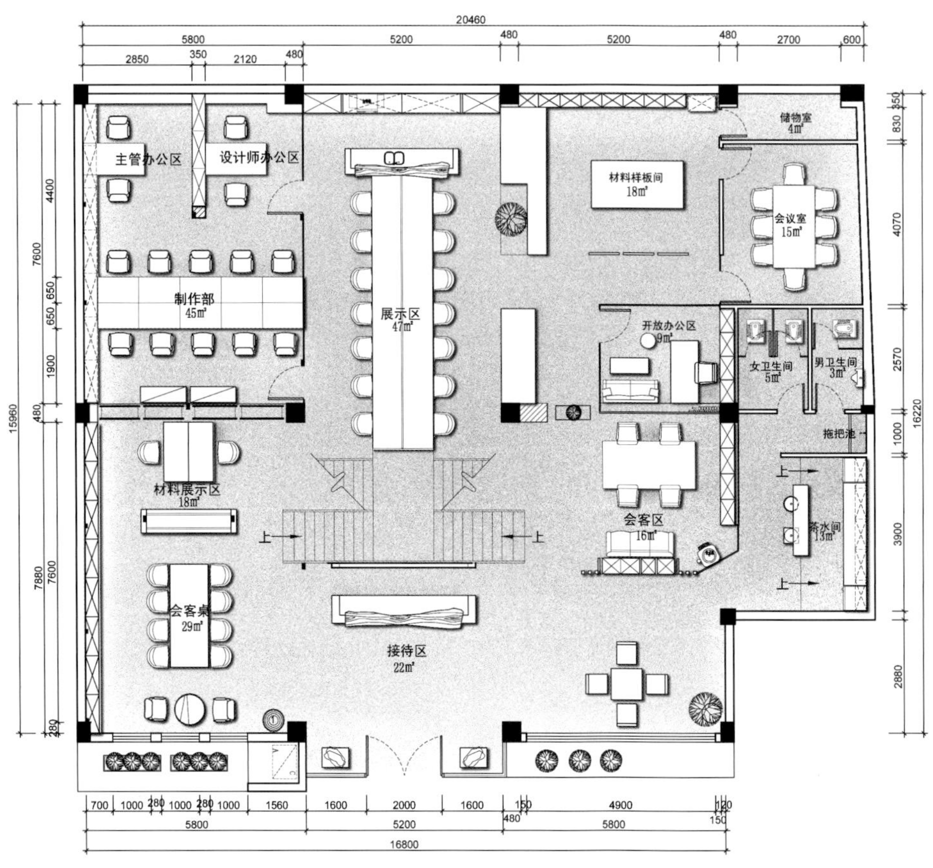

20460
5800
5200
480
5200
480
2700
600
2850
350
2120
480
主管办公区
设计师办公区
制作部
45㎡
展示区
47㎡
材料样板间
18㎡
储物室
4㎡
会议室
15㎡
开放办公区
9㎡
女卫生间
5㎡
男卫生间
3㎡
拖把池
材料展示区
18㎡
会客区
16㎡
茶水间
13㎡
会客桌
29㎡
接待区
22㎡
上
上
上
上
4400
7600
650
650
1900
480
15960
7880
7600
280
830
350
4070
2570
1000
3900
16220
2880
700
1000
280
1000
280
1000
1560
1600
2000
1600
150
4900
120
480
150
5800
5200
5800
16800

一层平面图

NICK 设计事务所
NICKDESIGN

项目名称 _ 苏州 NICK 设计事务所 / **主案设计** _ 王占伟 / **参与设计** _ 王星 / **项目地点** _ 江苏省 苏州 市 / **项目面积** _230 平方米 / **投资金额** _15 元 / **主要材料** _ PVC 地胶、防腐木、欧松板

A 项目定位 Design Proposition
在 NICK 设计事务所策划上，我们摆脱常用的硬装效果表现，充分考虑现场及周边环境，利用户外环境及软装体现氛围。

B 环境风格 Creativity & Aesthetics
在环境上 NICK 设计事务所追求室内与自然地融合，通透的落地玻璃将室外环境引入室内，内外一致的木地板又将室内引出室外。

C 空间布局 Space Planning
空间布局上改变常用方式，接待厅与会议室茶桌融为一体。办公区域没有板块化的桌椅利用基层板拼制而成的一个整体。

D 设计选材 Materials & Cost Effectiveness
选材上面充分利用环保材料以及价格相对低廉常用材质。书柜为压花板，接待厅室内外地面为防腐木，其他区域为 PVC 地胶。

E 使用效果 Fidelity to Client
办公人员以及外来访客对 NICK 设计事务所一直好评，办公场景环境舒适，接待区空间创造出让每位客人都有宾至如归的放松感。

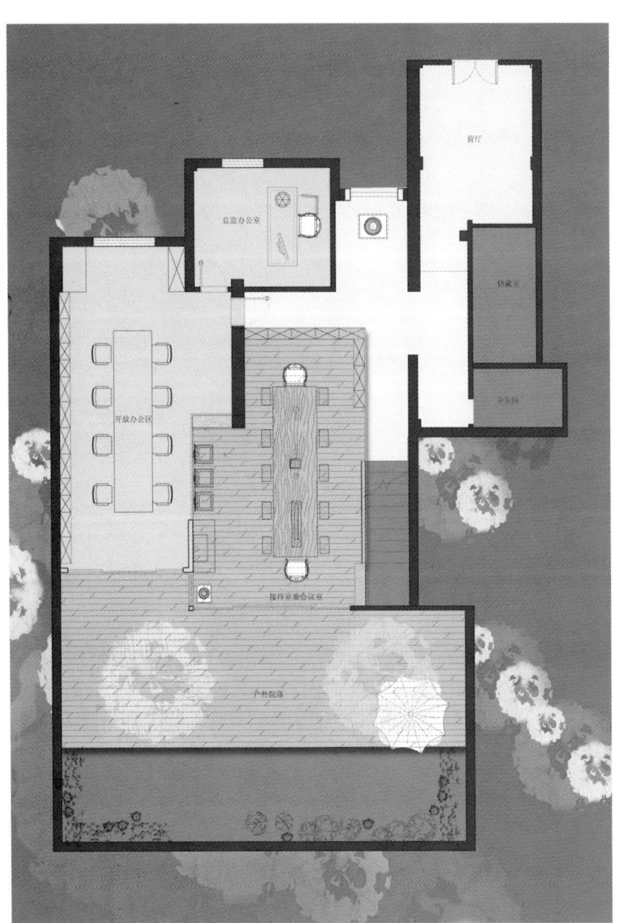

一层平面图

新会陈皮村环境设计

THE INTERIOR DESIGN OF XINHUI CHENPICUN

项目名称 _ *新会陈皮村建筑环境及室内设计* / **主案设计** _ *吴宗建* / **参与设计** _ *吴祖斌、冯盛强、刘津* / **项目地点** _ *广东省江门市* / **项目面积** _ *10.3 万平方米* / **投资金额** _ *30000 万元* / **主要材料** _ *毛竹、青砖*

A 项目定位 Design Proposition

建筑材料为环保材料——竹材，聘请当地竹匠进行手工建造，一次成型，形成的建筑垃圾极少且无污染；竹材源自当地，运输的能耗与成本低；项目聘用 140 名竹匠参与建造，为当地社区创造了就业，也为传统手工技艺的传承提供了机会。

B 环境风格 Creativity & Aesthetics

充分利用厂房建筑高大的特点，把铁皮屋顶日晒受热快的缺点转变为创造室内自然通风的条件，根据烟囱效应原理，用竹材在室内做出隔热穹顶，让室内空气对流形成自然通风，高大的公共空间无需使用空调，减少使用过程中的能源损耗。

C 空间布局 Space Planning

竹材作为建筑构造和装饰材料，其具有的独特肌理和材料韧性，在塑造建筑时呈现出意想不到的飘逸形态以及自然之美。竹建筑丰富的空间元素和混搭的装饰风格，满足游人对空间变化的多元诉求。

D 设计选材 Materials & Cost Effectiveness

使用竹材将建筑结构、空间、装饰三者用竹子合而为一：竹子既是陈皮村的建筑结构，也是建筑的围合，同时也是建筑的装饰，少量的混凝土与钢结构作为基础，使得建筑安全且便于维护。

E 使用效果 Fidelity to Client

陈皮村的竹建筑打破传统，形成当地的一种独特的、标志性的文化特色展示。当建筑达到它的使用寿命以后，拆除后的竹子可自行降解，而最为珍贵的土地资源得到还原，新的建筑又将是新商业的开始。

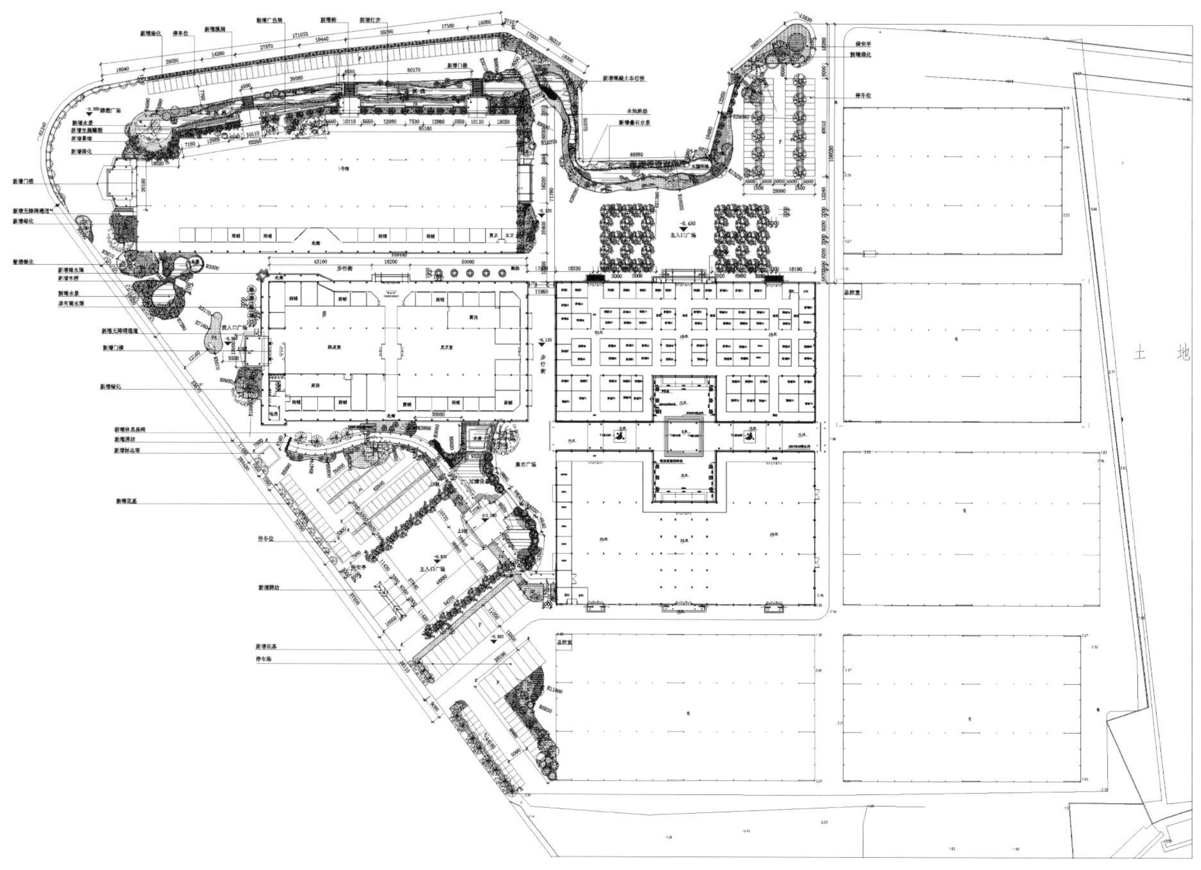

总平面图

华润・三九医药企业总部

CHINA RESOURCES • SANJIU MEDICAL & PHARMACEUTICAL OFFICE BUILDING

项目名称 _ *华润 • 三九医药企业总部办公楼* / **主案设计** _ *陈颖* / **项目地点** _ *广东省深圳市* / **项目面积** _*45000 平方米* / **投资金额** _ *约 40000 万元* / **主要材料** _ *花岗岩、云石、铝板、地毯、ABUS 办公隔断*

A 项目定位 Design Proposition

华润三九医药企业总部的设计是一个整合了建筑、室内设计、景观设计服务的大型企业总部办公项目设计。对于中国大陆的建筑行业来说，创新地把建筑链条上的建筑、室内、景观、幕墙、建造等本来相互分离的专业，在本项目中被整合到了一起，大大消减了建筑在建造过程以及建筑投入运营后的费用开支。

B 环境风格 Creativity & Aesthetics

和大多数工业园区内的企业总部办公建筑相比，除了大和功能齐全以外，本建筑和旧建筑更加强调互相连接贯通，加入更多的灰空间，放松人们的心情，激发创意能量。

C 空间布局 Space Planning

建筑前瞻性地争取到大量介于室内与室外之间的灰度空间，和中庭相互渗透交融，几乎每一个角落都可以看到绿色植物，增进了人与建筑、人与自然的交流，员工的共享交流品质得以大大提升。

D 设计选材 Materials & Cost Effectiveness

运用具备专利技术的精致的金属构件及玻璃等工业化产品，构建了明朗轻快而时尚的空间调子，表达透明、开放的企业文化。

E 使用效果 Fidelity to Client

面对员工：企业大家庭的归属感；面对股东：节约投资，展现发展潜力；面对社会：树立了全新的华润三九医药企业总部形象。

华润三九

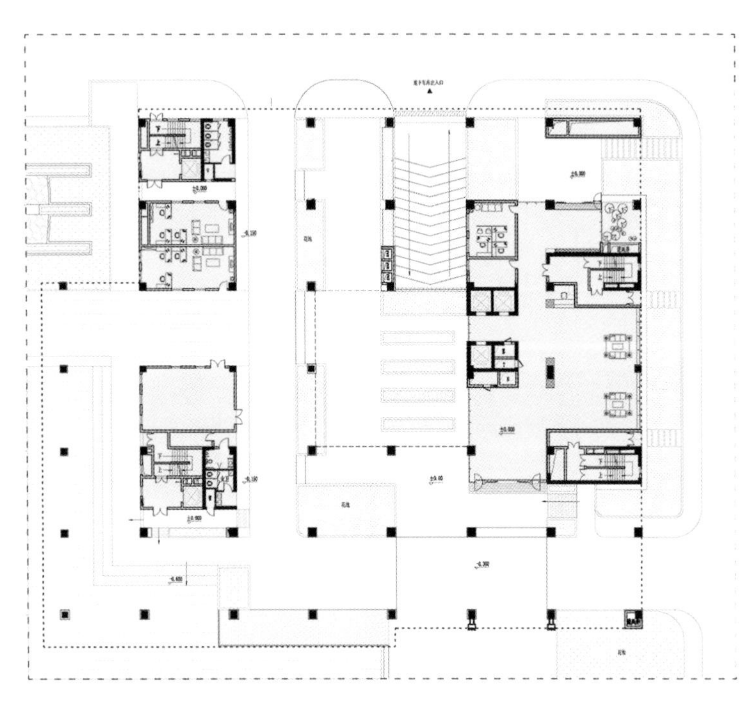

一层平面图

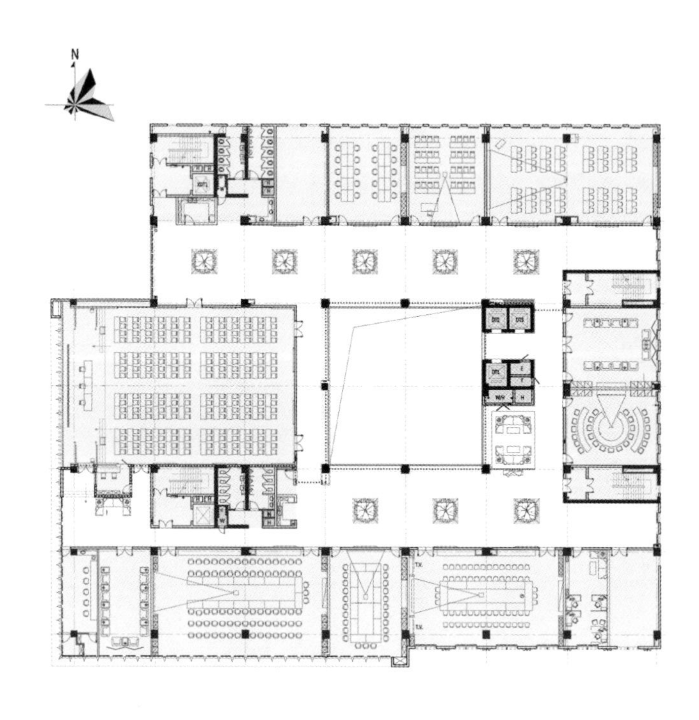

二层平面图